全国住房和城乡建设职业教育教学指导委员会

建筑与规划类专业指导委员会规划推荐教材

建筑空间色彩设计与实践

（建筑设计专业适用）

李　进　孙耀龙　编著

中国建筑工业出版社

图书在版编目（CIP）数据

建筑空间色彩设计与实践/李进，孙耀龙编著．—北京：中国建筑工业出版社，2017.11（2022.8重印）
全国住房和城乡建设职业教育教学指导委员会建筑与规划类专业指导委员会规划推荐教材（建筑设计专业适用）
ISBN 978-7-112-21386-3

Ⅰ．①建… Ⅱ．①李…②孙… Ⅲ．①建筑色彩—建筑设计—高等职业教育—教材 Ⅳ．①TU115

中国版本图书馆CIP数据核字（2017）第258981号

本书为全国住房和城乡建设职业教育教学指导委员会建筑与规划类专业指导委员会规划推荐教材，由上海城建职业学院李进、孙耀龙老师编著。全书共6章，包括色彩认知，色彩辨识，色彩搭配，色彩、光与材料，室内空间色彩设计与实践，建筑外观色彩设计与实践。本书内容简练，通识性强；书中配有12个习作，每个习作都包括内容、形式与要求，实践性强；全书案例丰富，图文并重，易学易懂。可供高职建筑设计专业学生、企业设计类岗位从业人员以及普通读者学习。

为更好地支持本课程的教学，我们向采用本书作为教材的教师免费提供教学课件，有需要者请与出版社联系，邮箱：jckj@cabp.com.cn，电话：01058337285，建工书院http://edu.cabplink.com。

责任编辑：杨　虹　尤凯曦
责任校对：李美娜　焦　乐

全国住房和城乡建设职业教育教学指导委员会建筑与规划类专业指导委员会规划推荐教材

建筑空间色彩设计与实践
（建筑设计专业适用）
李　进　孙耀龙　编　著

*

中国建筑工业出版社出版、发行（北京海淀三里河路9号）

各地新华书店、建筑书店经销
北京锋尚制版有限公司制版
天津图文方嘉印刷有限公司印刷

*

开本：787毫米×1092毫米　1/16　印张：10½　字数：275千字
2017年12月第一版　2022年8月第二次印刷
定价：**68.00**元（赠教师课件）
ISBN 978-7-112-21386-3
（31108）

编审委员会名单

（按姓氏笔画为序）

前　言

我们都知道，色彩在艺术中可能是最具相对性的媒介，同一种色彩会产生许许多多不同的视觉感知。也正是这种相对性，使得我们对色彩和色彩应用的研究总是具有难以完全预见的难度。对于建筑空间的色彩设计与实践而言，情况也是如此。如何认识和掌握色彩，如何学习和理解色彩的基本规律，如何分析和把握色彩与光、材料等要素之间的关系，更为重要的是如何将色彩设计与建筑空间融为一体、相得益彰，是本书编写的初衷所在。

本书共分为6章，包括色彩认知，色彩辨识，色彩搭配，色彩、光与材料，室内空间色彩设计与实践，建筑外观色彩设计与实践。全书还有12个对应的习作，每一个习作都包括内容、形式与要求，这些习作可以全部进行，也可以部分进行，还可以部分课内与部分课外相结合，有助于培养学生色彩设计的思维能力与动手能力。

本书特色：

1. 通识性。不仅可满足设计类相关专业的教学需求，也可作为设计类从业员工培训通用材料，还可作为没有任何专业背景的一般读者自主学习的读物，具有广泛性与普遍性。

2. 实操性。本教材编写原则为"理论到位，突出实践，强化应用"。以培养专项能力为目标，结合大量来自企业的实际设计案例，通过直观比较、全面解析、综合梳理，配合针对性习作来强化能力培养。

3. 易读性。文字精要、图例直观、图文并重。各章节围绕要点和操作步骤展开，明确知识点、技能点，清晰流程与方法，指导性强，易学易懂。

本书由上海城建职业学院李进、孙耀龙老师编著。在本书的策划和编写过程中，得到了全国住房和城乡建设职业教育教学指导委员会建筑与规划类专业指导委员会季翔主任、立邦中国装饰涂料市场本部副总裁蔡志伟先生、中国建筑工业出版社编辑们的指导和帮助，在此表示衷心的感谢。

因编者水平所限，书中的疏漏及不当之处在所难免，敬请读者批评指正。

编者

目　录

理论篇

建筑空间色彩设计与实践

1

色彩认知

1.1 色彩的故事

1.1.1 什么是色彩

色彩,顾名思义,"色"即色彩,"彩"即各种颜色。"色"指一种物体外面表象,更多的是指单一的颜色,如红色、黄色、蓝色等。而"彩"是指色彩斑斓的感觉,指颜色组合而成的色彩状态,是人的视觉与心理的感受与体验。

人们生活在色彩世界之中,所见到的任何景物都具有自身不同的色彩。色彩是绘画的形式因素,是艺术的表现语言,且具有独立的审美价值。怎样去认识和掌握色彩,怎样使色彩在绘画、设计表现中发挥更好的作用,需要训练直观的视觉能力和表现能力,同时还要懂得色彩的基础理论知识,掌握色彩的使用方法和规律。如图1-1-1所示,调色过程中,只有掌握色彩调和的基本知识,才能有的放矢;只有理论和实践相结合,才能相得益彰。

图1-1-1　色彩认知
图片来源：http:// www.baidu.com

自然界的颜色可以分成两大类,无彩色系和有彩色系。

1. 无彩色系

无彩色系指的是白色、黑色和黑白色调和而成的各种深浅不同的灰色。无彩色按照一定的变化规律,可以排成一个系列,由白色渐变到浅灰、中灰、深灰到黑色,色度学上称此为黑白系列。纯白是理想的完全反射的物体,纯黑是理想的完全吸收的物体。可是在现实生活中并不存在纯白与纯黑的物体,颜料中采用的锌白和铅白只能接近纯白,煤黑只能接近纯黑。

图1-1-2　无彩色系
图片来源：www.pinterest.com

无彩色系的颜色只有一种基本性质——明度(图1-1-2)。它们不具备色相和纯度的性质,也就是说它们的色相与纯度在理论上都等于零。色彩的明度可用黑白度来表示,愈接近白色,明度愈高;愈接近黑色,明度愈低。黑与白作为颜料,可以通过调节物体色的反射率,来影响物体色的明度。

2. 有彩色系

彩色是指红、橙、黄、绿、青、蓝、紫等颜色(如图1-1-3,是由有彩色的不同颜色组成的图案)。不同明度和纯度的红、橙、黄、绿、青、蓝、紫色调都属于有彩色系。有彩色是由光的波长和振幅决定的,波长决定色相,振幅决定色调。彩色的调节涉及了色彩调节的很多内容,我们将会在后面的章节详细说明。

图1-1-3　有彩色系
图片来源：www.baidu.com

1.1.2 色彩的历史

1. 人类对色彩的发现

早期的人类从自然界的花朵、草木、果实、动物的皮毛和血液中提取色素，用于生活、宗教、艺术。原始人类通过运用火，使色彩的内容更加丰富，如果将颜料加热，就可以得到新的色彩，比如：赭黄色黏土一旦被放到炉灶里，就会变为红色的黏土或红褐石。旧石器时代后期的人们拥有很有限的自然色彩，它们来自植物炭、树脂及一些容易得到的矿物，并没有将它们进行混合。这些自然色彩为红色、白色和柠檬色。人们从赭石土中提取一系列的色素：从淡黄色到红色、棕褐色到黑色。后来经过对植物的加工，色彩的领域大大扩充了，尤其是获得了赭石及一些混合色。在从旧石器时代到新石器时代漫长的转变过程中，出现了很多新的色彩，如史前毛线织物中运用的棕色、紫色和绿色染料等，也有其他的颜色，如从植物中提取的淡紫色、金黄色、红色、橘黄色等。

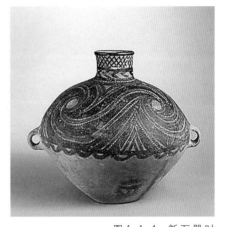

图 1-1-4　新石器时代彩陶器上古拙美丽的彩绘

图片来源：http://china.okcang.cn/a/20110627/4e2d19d32e566.shtml

历史上埃及人把用于制酒的葡萄残渣碾成粉末，溶于水，晒干成长条形，从而得到黑色染料，他们首先用红、黑两色来进行书写。从古埃及的壁画中可以看出，埃及人已经可以运用色彩了（图 1-1-5、图 1-1-6）。希腊人最先在泥土中发现铅红，将其称为朱砂红。古代的东方世界最早的色彩认知和五行之说有着渊源，五行色彩将不同色彩与自然界的物质一一对应，红色对火，黄色对土，白色对金，绿色对木，黑色对水。

图 1-1-5（左）

图 1-1-6（右）

古埃及壁画

图片来源：http://niaolei.org.cn/posts/3416

2．现代色彩的发展演变

（1）工艺美术运动——自然主义色彩

工业革命以后，工业化大批量生产造成的设计水准急剧下降，导致英国和其他国家的设计家希望能够复兴中世纪的手工艺传统。

当时美术家不屑于产品设计，工厂只重视生产和销量，导致大批量设计落后的工艺品投放市场。工业产品外形粗糙简陋，而手工艺人的手工生产品仍然为权贵使用。工艺美术运动意在抵抗这一趋势而重建手工艺的价值，希望塑造出＂艺术家中的工匠＂。

工艺美术运动的主要人物是艺术家兼诗人威廉·莫里斯。他从日本装饰（浮世绘等）和设计中找寻灵感，来重新提高设计的品位，提倡自然主义风格和东方风格，强调手工艺生产，反对机械化生产，反对矫揉造作的维多利亚风格，反对风格上的华而不实（图1-1-7~图1-1-9）。

威廉·莫里斯的设计范围包括壁纸、装帧、家具、室内设计、建筑等，他通过色彩和与之相应的图形，营造自然、愉悦的田园气氛，体现了他对于中世纪时代人与自然和谐相处的境界追求。

（2）新艺术运动——象征主义色彩

新艺术运动是19世纪末20世纪初在欧洲和美国产生的一次影响很大的＂装饰艺术＂运动，是一次内容广泛的、设计上的形式主义运动，涉及十多个国家，建筑、家具、产品、服装、雕塑和绘画艺术都受到它的影响，是设计史上非常重要的一次形式主义的运动。

新艺术运动是英国＂工艺美术运动＂在欧洲大陆的延续与传播，他们都反对矫揉造作的维多利亚风格，反对过分装饰风格，反对工业化风格，吸收日本的装饰风格，坚持设计走向自然的价值观。

新艺术运动和工艺美术运动的区别是，工艺美术运动重视中世纪哥特风格，而新艺术运动完全走向自然，寻找有机的艺术语言。新艺术运动风格多样，在各国都产生了影响。在欧洲的不同国家，拥有不同的风格特点，＂新艺术＂一词为法文词，法国、荷兰、比利时、西班牙、意大利等以此命名，德国则称之为＂青年风格＂（Jugendstil），奥地利的维也纳称它为＂分离派＂（Seccessionist），斯堪的纳维亚各国则称之为＂工艺美

图1-1-7　工艺美术运动时期的色彩1
图片来源：www.pinterest.com

图1-1-8　工艺美术运动时期的色彩2
图片来源：www.pinterest.com

图1-1-9　工艺美术运动时期的色彩3
图片来源：www.pinterest.com

术运动"。

　　新艺术运动的艺术家渴望在作品中表现出自然的、有机的、感官的风格，基于这种渴望和热爱，自然主义风格成为新艺术运动的主要风格，藤蔓、花卉、甲虫都成为常用的主题，色彩、造型被作者的主观情感赋予了"取之于自然却高于自然"的新的意义。如图1-1-10、图1-1-11所示，阿方斯·穆夏的作品，是典型的新艺术运动时期作品的风格。

　　(3) 现代主义设计运动——功能主义色彩

　　现代主义设计运动是从建筑设计发展起来的，从建筑设计革命出发，又影响到城市规划设计、环境设计、家具设计、工业产品设计、平面设计和传达设计等，形成真正完整的现代主义设计运动。总的来说，工艺美术运动、新艺

图 1-1-10 (左)
图 1-1-11 (右)
阿方斯·穆夏的作品
图片来源：www.pinterest.com

术运动等，都是古典主义走向现代主义的过渡。

包豪斯是现代设计的摇篮，包豪斯大学是世界上第一所完全为发展现代设计教育而建立的大学。包豪斯色彩设计的基本原则是简单优于复杂，包豪斯对色彩、材料、造型进行了理性的分析和研究，主张艺术与技术的新统一，设计的目的是人而不是产品，以及设计必须遵循自然与客观法则等。包豪斯的坚持使现代设计逐步由理想主义走向现实主义，用理性的、科学的思想来代替艺术上的自我表现和浪漫主义。包豪斯开创了设计基础课程的先河，是设计史上的里程碑，如图 1-1-12、图 1-1-13 所示。

图 1-1-12（左）
图 1-1-13（右）
包豪斯功能主义
图片来源：www.pinterest.com

（4）波普运动——叛逆的色彩

20 世纪 60 ~ 70 年代，由于经济的繁荣和文化的多元化，人们对国际主义风格的单调和冷漠感到了厌倦，作为一种反叛，流行文化和消费主义成为主流。

波普艺术反映了这个时代的特点，它代表了一种流行的、时髦的文化，是在美国现代文明的影响下产生的一种国际性的艺术运动。

安迪·沃霍尔是波普艺术的代表性艺术家，他也是美国波普艺术运动的发起人和倡导人。1962 年他因展出汤罐和布利洛肥皂盒制成的"雕塑"而出名。他的绘画图式几乎千篇一律。他把那些取自大众传媒的图像，如可口可乐瓶子、美元钞票、蒙娜丽莎像以及玛丽莲·梦露头像等，作为基本元素在画上重复排列。试图完全取消艺术创作中手工操作的因素。他的作品大都用丝网印刷技术制作，形象可以无数次地重复，给画面带来一种特有的呆板效果，如图 1-1-14、图 1-1-15 所示。

（5）后现代主义——多元的色彩

后现代主义是 20 世纪 60 年代以来在西方出现的具有反西方近现代体系哲学倾向的思潮。对于现代主义发展的局限性，后现代主义的艺术与设计家以后现代主义来统称当代各种主义，如：女性主义、多元文化、解构主义、时间

图 1-1-14 安迪·沃霍尔作品 1

图片来源：http://www.baidu.com

图 1-1-15 安迪·沃霍尔作品 2

图片来源：http://www.baidu.com

元素、媒体应用、物质主义等。这些观点强调艺术品的创造与欣赏没有单一的、绝对的答案或标准，强调作者与完成品的情感脱离，艺术家、观众、策展人、展场与环境都是艺术作品的参与者，艺术创作与鉴赏都变得非常多样。

英国后现代主义雕塑家克拉格的创作实践给英国后现代主义美增添了新景观，他的作品充满了对世界的探索和实验，带着后现代主义对世界的思考与重构的表现，表达了克拉格自己的世界观，如图 1-1-16～图 1-1-18 所示。

图 1-1-16 英国后现代主义雕塑家克拉格作品 1

图片来源：http://www.cafa.com.cn/info/?NIT=83&N=3508&p=1

图 1-1-17 英国后现代主义雕塑家克拉格作品 2

图片来源：http://www.cafa.com.cn/info/?NIT=83&N=3508&p=1

图 1-1-18 英国后现代主义雕塑家克拉格作品 3

图片来源：http://www.cafa.com.cn/info/?NIT=83&N=3508&p=1

埃托·索特萨斯是意大利后现代主义设计大师，他创立了"孟菲斯"设计团队，并围绕着艺术观念和时尚文化进行了大胆的设计探索与创作实验，作品涉及建筑、产品及一些艺术品，风靡世界，如图1-1-19、图1-1-20所示。

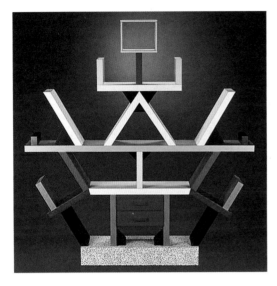 

他认为设计的功能并不是绝对的，精神和文化更重要，产品不仅要有使用价值，更要表达一种精神层面上的内涵；其作品体现出个性独特的造型思维、情趣诗意的设计形式和鲜艳亮丽的对比色彩。埃托·索特萨斯喜欢以文化人类学的观点来对待设计活动，从本民族世俗文化和其他民族的不同文化中寻找创作灵感，在设计中更多的是关注时尚文化的设计和生活方式的设计。

索特萨斯认为，设计就是设计一种生活方式，因而设计没有确定性，更多的是设计的可能性。他认为设计不仅要按当代条件的制约而有效思考，也应采取某种不受时间限制的永久性方式。他反对一切唯功能论，包括包豪斯及形而上学的理性化、非个性化的设计教条。功能不是绝对的，而是有生命的、发展的，它是产品与生活之间一种可能的关系。他的设计在产品的造型、色彩、材质及装饰处理等方面，都做出了大胆尝试，来达到与正统设计完全不同的效果，从而赋予产品功能、形式以新的时代、新的文化的诠释，达到凸显设计师个性的目的。这些实验性的设计作品浪漫而富有诗意，却也世俗热闹，受波普艺术的影响较大。

建筑师路易斯·巴拉干是一位善于用颜色的后现代主义大师。他的作品中没有教条的理论，更多的是对生活的体验和对内心情感诗意的表达。和索特萨斯一样，他的作品赋予我们身处的物质世界以精神归宿。他创造出的空间无论内外都是让人感受与思考的环境，唤起了人们内心深处的怀旧感与对于场所记忆的情感认知。

色彩浓烈鲜艳的墙体是巴拉干设计中鲜明的个人特色，后来也成为了墨西哥建筑的重要设计元素。

他关注墨西哥民居中绚烂的色彩，并将其运用到了自己的作品当中，这些色彩来自于墨西哥传统而纯净的色彩。巴拉干自宅展示了纯净鲜艳的色彩，如图1-1-21所示。

图1-1-21　巴拉干自宅
图片来源：http://www.
baidu.com

巴拉干对色彩的浓厚兴趣使得他不断在自己的设计作品中尝试着各种色彩的组合。对色彩的这种体验使他能够极好地驾驭各种艳丽的色彩，使几何化的简单构筑物透出斑斑温情，并用色彩塑造空间，给空间加上魔幻诗意的效果。他的色彩实际上是在毫无羁绊地表达着作者的各种情感与精神。

1.2　色彩的基本原理

1.2.1　色彩的三属性

色相、明度和彩度是色彩最基本的属性，称为色彩的三要素。熟悉和理解色彩的三要素，对于认识色彩和表现色彩极为重要。

1. 色相

色相即色彩的相貌，其差别是由光的波长决定的，表现为红、橙、黄、绿、青、蓝、紫七种可见光谱。其中红、黄、蓝为三原色，其他任何颜色都是以这三种颜色为基色按一定比例混合出来的。两种颜色混合出来的为间色，两种以上的间色混合为复色（图1-2-1、图1-2-2）。

图1-2-1　色相

图1-2-2　某建筑立面
图片来源：https://www.pinterest.com

2. 明度

明度指色彩的明亮程度。同一色彩受光线强弱的影响会产生不同的明度变化，加白或加黑也可提高或降低明度，使物体变亮或变暗，直至变成白色或黑色（图1-2-3～图1-2-5）。此外，不同的色相之间也有不同的明度区别，如黄与紫，从黑白程度上区分，黄色接近于白色，紫色则接近于黑色，绿、橙则处于中间状态，趋于灰色。明度是色彩的骨髓，尤其在绘画中，只要明度上的黑白关系协调好了，整个画面的色彩就会协调稳定。

图1-2-3　纯色相从深到浅渐变

图1-2-4　黑到灰从深到浅渐变

图1-2-5　有彩色的各种纯色和其明度的对应

3. 彩度

彩度指色彩的纯净程度，也叫纯度，即色彩含有某种单色光的纯净程度。同一种色彩，加入由黑和白调和而成的灰色，随即由鲜变浊，其纯度也就发生变化。要使颜色的纯度发生变化，可加入灰色或此种颜色的对比色，使之逐渐变灰，便可以得到该色彩由最高纯度到最低纯度渐变的纯度列（图1-2-6）。在实际的绘画或设计中，极少用纯色。纯度的变化极为微妙，在运用中，只要把某种颜色的纯度稍稍降低，便可产生一种全然不同的感觉（图1-2-7）。有经验的设计师也多在纯度上做文章，并熟悉各种不同纯度的颜色对比产生的效果。

图1-2-6　纯度列变化

1.2.2　色彩的表示体系

人们为了认识、研究与应用色彩，将千变万化的色彩根据它们各自的特性，按一定的规律和秩序排列，并加以命名，称之为色彩的体系。色彩体系的建立，对于研究色彩的标准化、科学化、系统化以及实际应用都具有重要价值，它可使人们更清楚、更标准地理解色彩，更确切地把握色彩的分类和组织。具体地说，色彩的体系就是将色彩按照三属性，有秩序地进行整理、分类而组成有系统的色彩体系。

图1-2-7　纯度变化对效果的影响
图片来源：学生作业

1. 孟塞尔色彩表示体系

孟塞尔色彩表示体系是由美国教育家、色彩学家、美术家孟塞尔创立的色彩表示方法。该表示方法以色彩的三要素为基础。孟塞尔系统模型为一个三维类似球体的空间模型，在赤道上是一条色带。球体轴的明度为中性灰，北极为白色，南极为黑色。从球体轴向水平方向延伸出来是不同级别明度的变化，从中性灰到完全饱和。用这三个因素来判定颜色，可以全方位定义千百种色彩。孟塞尔命名这三个因素（或称品质）为：色相（Hue）、明度（Value）和色度（Chroma）。

色相主要区分颜色的特性。选择5种主色相——红、黄、绿、蓝、紫及五种中间色——红黄、黄绿、绿蓝、蓝紫、紫红为标准。将其按环状排列，划分成100个均分点。每一主色和中间色均划分为10等份，以各色相中间第5号为各色代表色。

明度为区分亮色与暗色的特性。孟塞尔体系中，中心轴为黑白灰，共分为11个等级，最高是10，表示理想白，最低是0，表示理想黑，当颜色为灰度时，明度位于中性轴上，从黑（0）到白（10）按序排列。

色度是从灰度中辨别色调纯度的特性。孟塞尔体系中，颜色离开中央轴的水平距离代表纯度的变化。黑白灰的中轴纯度为0，离中心轴越远纯度越高，最远为各色间的纯色。各种颜色的最大纯度是不相同的，个别颜色纯度可达到20（图1-2-8～图1-2-10）。

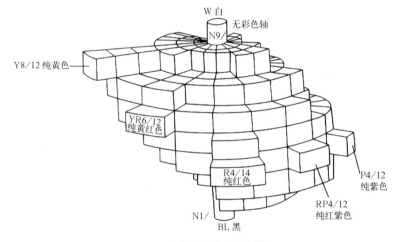

孟塞尔色立体模型示意图

图1-2-8　孟塞尔颜色系统1

图片来源：吴纪伟，熊丹.色彩构成[M].北京：北京出版社，2010.

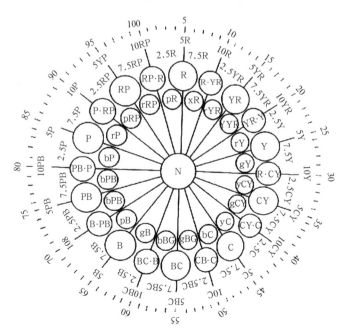

图1-2-9　孟塞尔颜色系统2

图片来源：吴纪伟，熊丹.色彩构成[M].北京：北京出版社，2010.

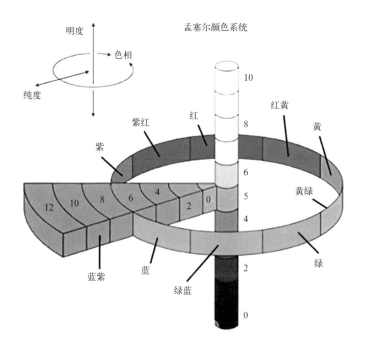

明度

色相

纯度

孟塞尔颜色系统

红黄

紫红 红

紫

黄绿

蓝紫 蓝 绿蓝 绿

图 1-2-10 孟塞尔颜
色系统 3

图片来源：吴纪伟，熊
丹．色彩构成[M]．北京：
北京出版社，2010.

2. PCCS 色彩表示体系

PCCS (Practical Color Coordinate System) 色彩体系是日本色彩研究所研制的，其最大的特点是将色彩的三属性关系综合成色相与色调两种观念来构成色调系列。从色调的观念出发，平面展示了每一个色相的明度关系和纯度关系，从每一个色相在色调系列中的位置，明确地分析出色相的明度、纯度的成分含量。

色相有红、黄、绿、蓝 4 种，这 4 种色相的相对方向确立出 4 种心理补色色彩，在上述 8 个色相中，等距离地插入 4 种色相，成为 12 种色相。再将这 12 种色相进一步分割，成为 24 个色相（图 1-2-11）。

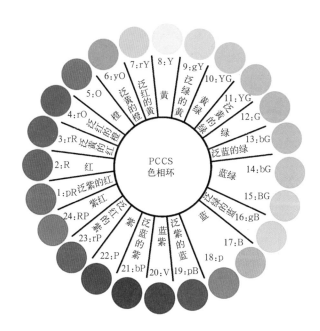

图 1-2-11 PCCS 色彩
表示体系——水平剖
面的 24 种基本色

图片来源：http://www.
545600.com/thread-
186449-1-1.html

PCCS 明度细分为 18 个阶段，把明度最高的白设为 9.5，把明度最低的黑设为 1.0。因为色标不能印刷 1.0，所以明度的阶段是 1.5 ～ 9.5（图 1–2–12）。

纯度基准是从得到的色料中，收集在高纯度色彩领域中鲜艳程度的差别，给每个色相制定出不同的基准。在各色相的基准色与其同明度的纯度最低的有彩色中，等距离地划出 9 个阶段，纯色用 S 表示（图 1–2–13）。

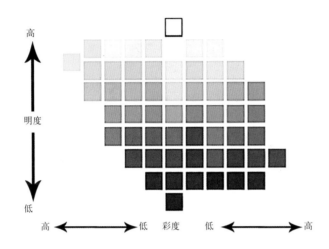

图 1–2–12 PCCS 色彩明度表示
图片来源：http://www.wendangwang.com/doc/c5a5bacf51865b3ffca71fbc

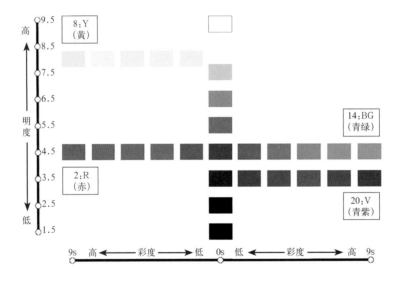

图 1–2–13 PCCS 色彩彩度表示
图片来源：https://baike.baidu.com/pic/PCCS/3201805/0/948bcfc88cabb3337f3e6ff6?fr=lemma&ct=single#aid=0&pic=948bcfc88cabb3337f3e6ff6

3. 奥斯特瓦尔德色彩表示体系

奥斯特瓦尔德色彩体系由德国著名物理学家、化学家、诺贝尔化学奖得主奥斯特瓦尔德创立于 1920 年。他把中心明度分为 8 个阶梯，从顶端的白色到底部的黑色，分别用不同的字母表示，每个字母表示色相的含白量和含黑量，A 的含白量最高，含黑量最低。P 的含黑量最高，含白量最低。以中心轴为直线做等边三角形，外侧的顶端为全色，将每条边线划分为 8 等份，并作平行的连线构成 28 个菱形色区。含白色的量由两个表示，并根据此计算出色彩纯度。奥斯特瓦尔德色彩体系有 24 个色相，按光谱色做逆时针方向排列，按顺时针编号标定。色相环直径两端为补色。以黄、橙、红、紫、蓝、蓝绿、绿、黄绿为 8 个基本色相，基本色相又分为三等份，按顺时针方向以 1、2、3 排列，其中 2 代表色相的正色。a 到 pa 的连线上各色的含黑量相等，p 与 pa 连线上各色的含白量相等，不同色相在同一区域的，其含黑、含白量相等（图 1-2-14）。

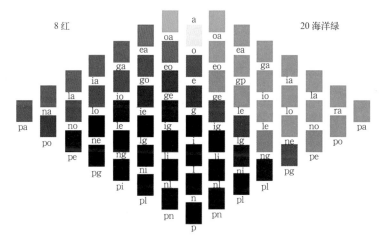

8 红   20 海洋绿

图 1-2-14 奥斯特瓦尔德色立体同色相横截面

图片来源：崔生国，金竹林．设计色彩 [M]．上海：上海交通大学出版社，2016．

4．NCS 色彩表示体系

NCS 色彩系统是来自瑞典的色彩设计工具，它以眼睛看颜色的方式来描述颜色。表面颜色定义在 NCS 色卡中，同时给出一个色彩编号。

NCS 色彩系统可以通过颜色编号判断颜色的基本属性，如：黑度、彩度、白度以及色相。NCS 色卡编号描述的是色彩的视觉属性，与颜料配方及光学参数等无关。NCS 色彩系统分为六个基准色：白色 (W)、黑色 (S) 以及黄色 (Y)、红色 (R)、蓝色 (B)、绿色 (G)。色彩编号描述的是颜色与这 6 个基准色的对应关系。

以 NCS 色卡色彩编号 S 2030-Y90R 为例，2030 表示黑度和彩度，也就是纯黑占 20%，而纯彩色占 30%。Y90R 表示色相，也就是色相为 90% 红色和10% 黄色（图 1-2-15 ~ 图 1-2-17）。

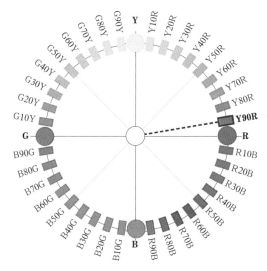

图 1-2-15 NCS 色彩圆环

图片来源：http://gongjushu.oversea.cnki.net/CRFDHTML/r201109072/r201109072.c5c15f.html

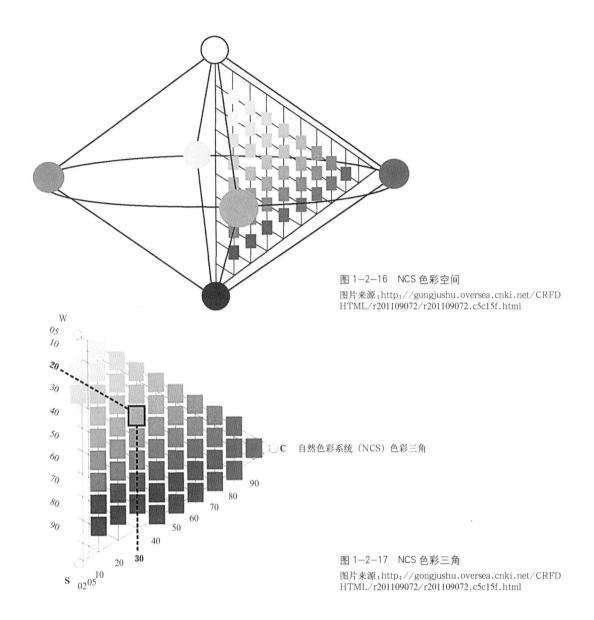

图 1-2-16　NCS 色彩空间
图片来源：http://gongjushu.oversea.cnki.net/CRFD
HTML/r201109072/r201109072.c5c15f.html

自然色彩系统（NCS）色彩三角

图 1-2-17　NCS 色彩三角
图片来源：http://gongjushu.oversea.cnki.net/CRFD
HTML/r201109072/r201109072.c5c15f.html

5．印刷色彩原理

印刷色指的是 CMYK 四色印刷模式。CMYK 分别表示青色 (Cyan)、品红 (Magenta) 黄色 (Yellow)、黑色 (Key Plate)。其原理是颜料的三原色叠加混合 (图 1-2-18)。CMYK 用百分比表示，不同百分比的颜色叠加而产生不同的色彩。而一些特殊的颜色用专色印刷，如金色、银色等。

6．数字色彩原理

数字色彩原理主要是指计算机所使用的色彩模式。例如 RGB、LAB、HSB 模式等。

RGB 即是代表红、绿、蓝三个通道的颜色，RGB 模式是通过红 (Red)、绿 (Green)、蓝 (Blue) 三个颜色通道的变化以及它们相互之间的叠加来得到各式各样的颜色的，三个值分别在 0 ～ 250 之间变动，三个值叠加得出颜色的色彩。这个标准几乎包括了人类视力所能感知的所有颜色，是目前运用最广的颜色系统之一（图 1-2-19、图 1-2-20）。

图 1-2-18 CMYK 颜色系统

图片来源：https://www.pinterest.com/
pin/318559373616227232

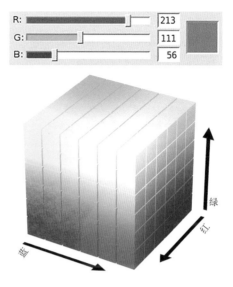

图 1-2-19（上）
图 1-2-20（下）
RGB 颜色系统
图片来源：https://en.wikipedia.org/wiki/RGB_color_model#/media/File：RGB_color_solid_cube.png

LAB 模式是由国际照明委员会（CIE）于 1976 年公布的一种色彩模式。

RGB 模式是一种发光屏幕的加色模式，CMYK 模式是一种颜色反光的印刷减色模式。LAB 模式既不依赖于光线，也不依赖于颜料，它是 CIE 组织确定的一个理论上包括了人眼可以看见的所有色彩的色彩模式。LAB 模式弥补了 RGB 和 CMYK 两种色彩模式的不足。

LAB 模式由三个通道组成，一个通道是明度，即 L，另外两个是色彩通道，即 A 和 B（图 1-2-21）。A 通道包括的颜色是从深绿色（低亮度值）到灰色（中亮度值）再到亮粉红色（高亮度值）；B 通道则是从亮蓝色（低亮度值）到灰色（中亮度值）再到黄色（高亮度值）。这种色彩混合后将产生明亮的色彩。

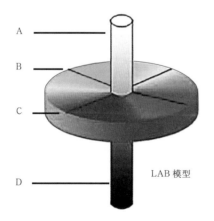

LAB 模型

A. 亮度 =100（白色）
B. 绿色到红色成分
C. 蓝色到黄色成分
D. 亮度 =0（黑色）

图 1-2-21 LAB 色彩模式
图片来源：http://www.jc88.net/zxzx/chuli/1989.html

HSB 色彩模式是基于人眼的一种颜色模式。H 代表色相，S 代表饱和度，B 代表亮度。

（1）色相 H（Hue）：在 0°～360° 的标准色环上，按照角度值标识。

（2）饱和度 S（Saturation）：指颜色的强度或纯度。饱和度表示色相中彩色成分所占的比例，用从 0%（灰色）～100%（完全饱和）的百分比来度量。在色立面上，饱和度是从左向右逐渐增加的，左边线的饱和度为 0%，右边线的饱和度为 100%。

（3）亮度 B（Brightness）：颜色的明暗程度，通常是用从 0（黑）～100%（白）的百分比来度量的，在色立面中从上至下逐渐递减，上边线为 100%，下边线为 0%。

1.3 人与色彩

1.3.1 色彩与环境

色彩是影响环境感受的重要因素。人类在漫长的生活中形成了大量的有关色彩的感受和联想，并赋予其不同的情感和象征。尽管人类有种族、性别、年龄、文化等的差异，但是经过漫长的进化积累，对色彩的认知有着共同的基础，比如色彩的温度感、距离感、重量感，不同的色彩环境对人的生理和心理的影响等。在色彩学中，将色彩分为暖色与冷色。气候是不可人为调节的，但色彩可以，因此我们可以人为地通过利用色彩来调节自然环境的冷暖感知，达到改变环境冷暖感知的目的。比如通过色彩的运用，改变人的心理感知，让处在寒冷环境的人不感觉到冷，处在炎热的环境下不感觉热。黄与红属于暖色调，青蓝与绿属于冷色调，如果暖色与冷色放在一起就产生对比作用，可以使各自的色彩效果比独立存在时表现得更为鲜明和突出。

比如皇宫建筑群除了在规划与布局、建筑群空间组合变化、建筑形象的塑造上下功夫外，还在建筑色彩上充分应用对比手法。在北京大环境下，整个皇家建筑群使用了明亮的黄琉璃瓦，大红的墙体、门窗之上正好用青绿色的彩画；在灰黑的砖地上恰当用了洁白的台基。在现在的建筑群体中注重与环境的搭配上面，苏州做得相当好。因为它具有悠久的历史，很多文人骚客曾经隐居在苏州，建造了很多家庭式园林。出于对古典园林的保护，老城区新盖的楼房不得超过六层楼，建筑都采用白墙灰瓦，颜色统一。

1.3.2 色彩与文化

1. 色彩与文化习惯

人类世界千姿百态，色彩构成一个"赤橙黄绿青蓝紫"的生态环境的同时，色彩与文化也有着密切的联系，不同国家或民族由于生活环境、历史背景、性格特征迥异，它们赋予了颜色不同的意义。色彩不仅具有地域性，而且有着鲜明的民族文化特性。

红色在中国传统文化中是吉祥的颜色，象征着喜庆、成功乃至富贵。在民间尤其如此，结婚贴红双喜字，新娘子穿红嫁衣，以红巾遮面；过节挂红灯笼，点红蜡烛，贴红对联；婴儿满月吃红鸡蛋等，无不体现着喜庆，象征着幸福临门。这些传统的习俗文化，无不体现着中华民族对红色的钟爱，至今每当提到中国，第一印象还是中国红，如图1-3-1所示。

在"中国红"大的统一基调中，不同的民族却有着不同的颜色象征。如汉族，以五色体系青红黑白黄作为自己的民族颜色，这与其生活地域的辽阔是分不开的，汉族人民在辽阔的土地上发展了农耕文明，而传统的汉族的色彩几乎都能在农业耕作中找到原色。而在藏族文化中，由于受到地理环境和宗教文化的影响，外加上有别于其他民族的游牧文明，藏族是一个喜欢浓妆重彩的民族，但黑色一直是藏族人民的主要颜色，在藏文化中黑色是大山，白色是雪神，所以哈达以白色为多。又如蒙古族，他们把天空的色彩尊崇为最美好的色彩，这当然与他们生活居住的地方密不可分：生活在辽阔的草原上，视野开阔，天空和草原是他们接触最多的颜色。

建筑色彩在中国建筑文化中也是一种象征"符号"。比如，明清北京皇家建筑，其基本色调突出黄红两色，黄瓦红墙成为基本特征，而且黄瓦只有皇家建筑或帝王敕建的建筑才能使用，可见黄色在中国传统文化中被视为皇族的尊贵象征，代表地位、权利、威严（图1-3-2）。

如果说民俗文化代表着一个民族文化的性格，那么民俗文化所呈现出的不同色彩，就是这种性格中所特有的底蕴气质。

2. 色彩与社会文化心理

色彩环境，是由所有空间中物体裸露部分的色彩累积而成的。其中包括

图1-3-1 流苏

图片来源：http://www.92to.com/wenhua/2016/04-21/3528395.html

图1-3-2 故宫

图片来源：http://www.zcool.com.cn/work/ZMTkwNDI5NzI=.html

大地、石头、植物、河流、建筑、交通、广告等自然环境颜色和人文环境颜色。同时，由丁光的折射原理，还会产生颜色被周围环境影响的情况，物体本身固有的颜色会因为制作的材料、肌理、受光程度、反光程度的不同而产生不同的环境颜色。所以，环境颜色还可以分为物体单色和视觉影响色。同样的白色，依山而建、依海而建、依林而建或是独立存在，它的视觉效果颜色变化是大不相同的。

对于环境色彩感受取决于它的特点：

（1）文化性。色彩通过建筑、道路、灯光、户外广告等构成了丰富的色彩搭配，承载了大量的文化信息。比如罗马老城橙黄色系与橙红色系的色调，显示了她不朽的尊荣和雍容华贵（图1-3-3），极大地保留了历史遗留的文化色彩，为后人默默地诉说着罗马历史的厚重与文化的魅力。

图1-3-3 罗马
图片来源：http://www.
baidu.com

（2）整体性。标志性的符号与植物相互搭配、呼应，形成特有的记忆组合，这样的记忆组合不论是放大或是缩小，其均为一个系列、一个整体。城市颜色的搭配与运用能更好地反映该城市的文化与魅力。如法国巴黎，因受温带海洋性气候的影响，常年阴雨，极少见阳光，在城市颜色规划部门的指导下，建筑物基本全部被刷成奶酪黄与深灰的建筑墙体与屋顶，埃菲尔铁塔也被刷成深灰色。因此奶酪黄与深灰便成了巴黎的标志色彩，人们不管走到哪里，只要看到这样的简单明确、整齐划一的搭配便会得知自己是身在巴黎（图1-3-4）。

图 1-3-4 巴黎
图片来源：http://www.
baidu.com

（3）公共性。公共性也就是城市色彩的公共价值和可识别性。在城市空间中，可以通过色彩简洁明了地看出城市的历史与文化，通俗易懂又显而易见，不论男女老少都可以看到或感受到，同时也加强了城市的艺术氛围与文化代入感。如中国古代的皇家建筑紫禁城，为了表现出皇家的风范与威严，其顶部用黄色琉璃瓦，墙为朱红色，彰显了皇家的雍容华贵。而普通百姓的房屋则一律为青灰色。

（4）多样性。简·雅各布斯说过："多样性是大城市的天性。"城市色彩中的结构也是复杂多样的，体现的是社会多元的文化生活。

建筑具有地方特点，色彩也具有地域性，而建筑和这个地区的民族或地方性是通过色彩来体现的。一个国家有国家色彩的偏好，一个民族也同样有民族色彩。比如墨西哥传统建筑的颜色大胆夺目，常用鲜艳的蓝色、红色、黄色等。文化地域的不同也产生了不同的偏好。我们做设计的时候，要在考虑到地域和民族色彩的前提下，设计出具有个性色彩的建筑。虽然现在人们在一定程度上认识到色彩影响对城市环境的重要作用，但是如何合理规划一个城市的建筑色彩仍是我国大多城市面临的问题。一般情况下，一个城市的环境都有它固有的城市文化氛围，城市色彩也就是一个城市的性格色彩。一个有思想的城市，在每个区域都有规划性的色彩来体现不同的空间。如北京在 20 世纪 90 年代初期率先定位城市色彩为灰色，接下来哈尔滨为米黄色，威海为红色，江南的苏州城市色彩定位为黑白灰。作为建筑设计师，做设计的时候，在不破坏整个城市环境格调的基础上，首先满足区域环境，再来关注单体建筑外观色彩，色彩的处理应充分考虑周围环境景观色彩，尽可能地结合自然环境，从而创造出和谐统一的效果。否则建筑色彩不仅成为不和谐音符，还将给环境带来视觉污染。

习作 1　色彩临摹

作业内容：绘画临摹及分析内容，并完成一幅绘画创作。

作业形式：图纸，A3 白卡纸。

作业要求：1. 临摹绘画完成冷色系临摹一幅、暖色系临摹一幅并做对比分析总结，字数 500 字左右。

2. 选定一个主题，根据此主题进行色彩绘画的创作练习，画作要和选定主题发生联系，主题可抽象可具体，由学生自拟。

3. 共计 2 周时间完成。

2

色彩辨识

2.1 如何辨识色相

2.1.1 色相辨识基础

色相，即各类色彩的相貌称谓，如大红、普蓝、柠檬黄等。色相是色彩的首要特征，是区别各种不同色彩的最准确的标准。事实上任何黑白灰以外的颜色都有色相的属性，而色相也就是由原色、间色和复色来构成的。

色相的特征决定于光源的光谱组成以及有色物体表面反射的各波长辐射的比值对人眼所产生的感觉。在测量颜色时，可用色相角 H 及主波长 λd (nm) 表示。在聚合物中为根据色的 XZY 系列表示的主波长和补色主波长相对应的色感觉。一般高聚物本身在熔融态下与标准色系溶液比较，与其一致的颜色标准号称作色相数，由于高聚物种类很多，标准色系也很多。常用标准色系都是按国家标准规定方法配制。

从光学意义上讲，色相差别是由光波波长的不同产生的。即便是同一类颜色，也能分为几种色相，如黄颜色可以分为中黄、土黄、柠檬黄等，灰颜色则可以分为红灰、蓝灰、紫灰等。光谱中有红、橙、黄、绿、蓝、紫六种基本色光，人的眼睛可以分辨出约 180 种不同色相的颜色。

最初的基本色相为：红、橙、黄、绿、蓝、紫。在各色中间加入一两个中间色，其头尾色相，按光谱顺序为：红、橙红、黄橙、黄、黄绿、绿、绿蓝、蓝绿、蓝、蓝紫，紫。红和紫中再加个中间色红紫，可制出 12 基本色相。这 12 色相的彩调变化，在光谱色感上是均匀的。如果进一步再找出其中间色，便可以得到 24 个色相。如果再把光谱的红、橙黄、绿、蓝、紫诸色带圈起来，在红和紫之间插入半幅，构成环形的色相关系，便称为色相环。基本色相间取中间色，即得 12 色相环。再进一步便是 24 色相环。在色相环的圆圈里，各彩调按不同角度排列，则 12 色相环每一色相间距为 30°。24 色相环每一色相间距为 15°（图 2-1-1）。

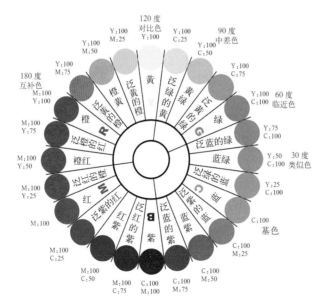

基色
30 度类似色
60 度临近色
90 度中差色
120 度对比色
180 度互补色

图 2-1-1 色相环
图片来源：http://www.baidu.com

2.1.2 色相的表现与创造

1. 加色混合（RGB 色光）

加色混合是指色光与色光的混合，属于分光的、非物质性的混合。朱红 (R)、翠绿 (G)、蓝紫 (B) 3 种色光可以混合出无穷无尽的其他色彩，但不能用其他色光混合得到，被称为色光三原色。用色光三原色中的任意两色光相混合得到这两色光的间色，即朱红和翠绿相混合得到黄，翠绿和蓝紫相混合得到蓝绿，蓝紫和朱红相混合得到紫，黄、蓝绿、紫被称为色光三间色（图 2-1-2）。

当两种不同的色光互混后变成白色光，这两种色光可称为互补色光。原色光和它相呼应的间色光相混合得到白色光，它们是互补色光。生活中常见的舞台灯光照明、电视电影、电脑荧屏等现实的色彩混合都是加色混合（图 2-1-3）。

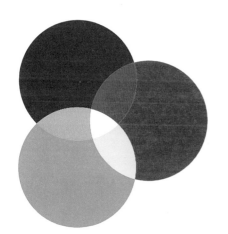

图 2-1-2　加色混合

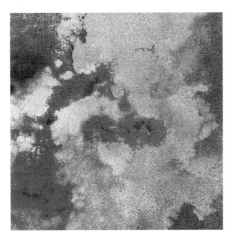

图 2-1-3　加色混合实践

图片来源：https://www.baidu.com

2. 减色混合

减色混合是指色料与色料的混合。色料是物质性的，具有吸收性，它们之间的混合是减法混合。表现为两种或两种以上的色料混合在一起产生的新色彩的明度随着混合色彩的种类增多而降低，纯度下降。

品红、柠檬黄、天蓝 3 种色可以混合出无穷无尽的其他色彩，不能用其他色混合得到的，被称为色料三原色。

用色料三原色中的任意两色相混合得到这两色的间色，即品红和柠檬黄相混合得到橙，柠檬黄和天蓝相混合得到黄绿，天蓝和品红相混合得到紫。黄、蓝绿、紫被称为色料三间色（图 2-1-4）。

当两种不同的色料互混后变成灰黑色，这两种色料可称为互补色。我们平时使用的各种颜料、涂料、染料等的混合都是减色混合（图 2-1-5）。

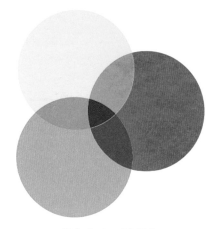

图 2-1-4　减色混合

图 2-1-5　减色混合实践
图片来源：学生作业

3. 透叠混合

把不同色相的透明物叠置在一起，可以看到它们具有相互特征的新色彩产生。新色彩明度降低，纯度下降，色相为各透叠物色彩的中介，透明物的透明度越低则越偏向叠置在上面的色彩。

4. 中性混合

中性混合是指色彩在视网膜上的混合（图 2-1-7）。中性混合主要包括两种方式：旋转混合和空间混合。

（1）旋转混合

将两种或两种以上的色彩并置于圆盘上，并使它快速地旋转，我们会感受到单一的新色彩的产生。

（2）空间混合

把两种或两种以上的色彩并置在一起，由于我们视觉生理上的限制，经过一定的空间距离，这些色彩会在我们的视网膜上发生混合。色点（线或块）越小，越容易发生混合；离画面越远，也更易发生混合。空间混合中，若各混合色明度差异大，则不易发生混合。

图 2-1-6　透叠混合
图片来源：学生作业

图 2-1-7　中性混合
图片来源：http://blog.sina.com.cn/s/
blog_4ce8072501000art.html

习作 2　制作色环

作业内容：制作色相环。

作业形式：图纸 A3，手绘。

作业要求：1. 制作 12 色相环。以红、黄、蓝三原色为基础，均匀调配出 12 色相环。

　　　　　2. 制作 24 色相环。以红、黄、蓝三原色为基础，均匀调配出 24 色相环。

　　　　　3. 构图自选。

　　　　　4. 共计 1 周时间完成。

评分标准：1. 图面工整美观。

　　　　　2. 色相有辨识度。

2.2　如何辨识明度

2.2.1　明度辨识基础

　　明度是色彩构成中重要的因素，色彩的层次与空间关系主要依靠色彩的明度对比来表现。若只有色相的对比而无明度对比，图案的轮廓形状就难以辨认；若只有纯度对比而无明度对比，图案的轮廓形状就更难以辨认。因此，色彩的明度对比在色彩构成中起主导作用。

　　明度变化既存在于有彩色系中，同时也存在于无彩色系中。在这些不同程度的明度变化中，存在着无数的对比关系。明度在色彩中具有相对的独立性，可以离开色相、纯度而独立存在。根据孟塞尔色立体，从黑到白等差分 9 个阶段，每一个阶段为明度一度，形成明度列，亦称明度标尺。1 ~ 3 为低明度色阶，4 ~ 6 度为中明度色阶，7 ~ 9 度为高明度色阶（图 2-2-1）。

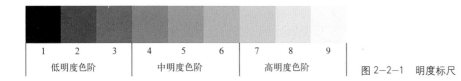

图 2-2-1　明度标尺

　　在辨识色彩的明度差时，可以通过以下三种方式比较色彩的明度差：

　　（1）将眼睛微微眯起来辨识会容易观察到明度差；

　　（2）用黑白摄影、黑白影印能直观比较出明度差；

　　（3）影响处理中改变色调的方式。

2.2.2　如何变化明度

　　不同色相的色彩，明度也有所区别。去掉不同的纯色之后，就是单纯的明度区别。

色彩设计实践时，常常需要改变颜色的明度，同时还要尽量继续保持相同色相的纯度。例如使用现成的中黄调配一种深黄色，来描绘金色铜器的暗部，就需要把高明度的黄色调成低明度的黄色，同时要尽量保持黄色的色相的浓度。再如把浓重的群青颜料调成浅淡的蓝色来描绘明亮的深秋湛蓝的天空时，就需要提高群青的明度，同时尽量保持蓝色的纯度。通常改变现成的颜料的明度时，是用往颜料里加入黑色或对比色的方法来使颜色变暗，或往颜料里加入白色或清水来提高颜色明度，但使用这些方法时，颜色的纯度会明显改变。

如果要画深重的黄颜色，有些人用加入黑色或者加入黄颜色的对比色紫颜色的方法，这样虽然颜色变暗重了，但是颜色的纯度却失去太多。有经验的画家通常在黄颜色中混入熟褐来调配暗黄色，熟褐属于黄色色相系列的颜色，因此这是合乎逻辑的选择。如果想要用群青调出比较浅又鲜明的蓝颜色，直接加入白颜色，蓝色虽然变浅但是显得有些苍白。这时如果不加白色，而是加入湖蓝，就可以得到一种浅而鲜明的蓝颜色。湖蓝和群青同样属于蓝色相，但湖蓝明度高，所以可以用它来代替白色，使调出的颜色变浅。

总起来说，通常一种类似的色相中包括几种明暗不同的颜料，例如黄色系有浅黄、中黄、土黄、生赭、生褐、熟褐；红色系有朱红、大红、深红、土红、紫红（图2-2-2）；蓝色系有湖蓝、钴蓝、群青、普蓝等。为了取得较高的纯度效果，首选的配色颜料是同一色相中较亮或较暗的颜色，它们可以代替白色和黑色，用来调整明度的深浅。相反的，如果需要在调亮或调暗颜色的同时降低纯度的话，使用对比色或黑色可以取得比较好的效果。

图2-2-2　红色的明度变化

图片来源：http://www.charts.kh.edu.tw/teaching-web/98color/color2-1.htm

习作3　建立明度环

作业内容：制作明度环。

作业形式：图纸A3，手绘。

作业要求：1. 制作一个黑色轮明度环。

　　　　　　2. 制作一个白色轮明度环。

　　　　　　3. 构图与颜色自选。

　　　　　　4. 共计1周时间完成。

评分标准：1. 图面工整美观。

　　　　　　2. 明度辨识度要清晰有条理。

2.3 如何辨识彩度

2.3.1 彩度辨识基础

纯度是色彩的饱和度。将色彩由鲜到浊等差分9个阶段，每一个阶段为纯度一度，形成纯度列，亦称纯度标尺。1～3度为低明度色阶，4～6度为中明度色阶，7～9度为高明度色阶。从左至右，纯度由高变低。纯度越高，颜色越正，越容易分辨。所以我们在日常生活中看到的那些一眼看不出是什么颜色的颜色大致就是纯度低的颜色（图2-3-1）。

1	2	3	4	5	6	7	8	9
高纯度			中纯度			低纯度		

图2-3-1 纯度标尺

2.3.2 如何改变彩度

改变物体的含灰色程度、改变物体的色相、改变物体的明度，物体的彩度都会发生相应的改变。无彩色黑白的彩度是0，有彩色里含无彩色越多彩度越低。一般而言，改变一个饱和色相彩度的方法有两种：

（1）混入无彩——黑、白、灰色；

（2）混入该色的补色。

彩度的高低是以色彩中某种纯色的比例来辨识比较的，所以某一色彩加入其他的色彩，彩度都会降低，要比较不同色彩的纯度时，需要先指定某纯色依据。图2-3-2展示了几种典型色彩的彩度变化。

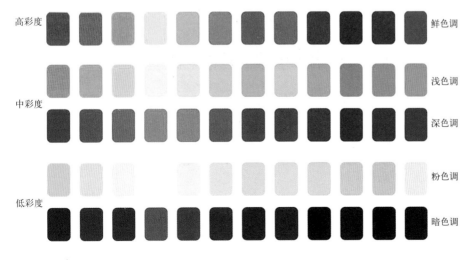

图2-3-2 彩度变化
图片来源：www.baidu.com

习作4　建立彩度环

作业内容：制作彩度环。

作业形式：图纸 A3，手绘。

作业要求：1. 制作一个由纯色到五彩色的彩度环。

　　　　　2. 制作一个由无彩色到纯色的彩度环（两个作业的色相不能一样）。

　　　　　3. 构图与颜色自选。

　　　　　4. 共计 1 周时间完成。

评分标准：1. 图面工整美观。

　　　　　2. 彩度辨识度要清晰有条理。

2.4　如何提高色彩辨识能力

　　色彩辨识能力是一项综合性的能力，提高色彩辨识能力，需要对色彩的色相、明度、纯度有敏锐的感知能力，熟悉色彩的变化规律，了解不同同色系、补色系混合的特点，这样才能为色彩辨识打下牢靠的基础。图 2-4-1、图 2-4-2 是色彩推移的案例，显示了颜色的规律性变化。识别和运用颜色的规律性变化，是色彩识别的重要基础，是提高色彩设计能力的重要前提。

图 2-4-1　色彩推移 1　　　　　　　　　图 2-4-2　色彩推移 2

图片来源：www.baidu.com　　　　　　　图片来源：www.baidu.com

　　具体而言，提高色彩辨识能力，可以从以下几个方面做起：

　　1. 进行色彩再生能力训练

　　色彩训练能力，首先需要训练辨色，依靠正确的观察方法及思维，依靠眼、借助脑和心理的相互作用达到对先期画面颜色的辨识。

　　其次要科学地训练调色能力，要求能用两种颜料调出的色彩，就不用多于两种的颜料，以此来训练调色能力。

2．色彩解析能力训练

色彩解析是对整体环境色彩的一种正确的认识和把握，可以通过色彩写生来进行训练，对对象物的色彩进行分析，研究其构成规律，将其转化为自己能够驾驭的色彩构成元素，提高自己的运用能力。

3．色彩借鉴

在平时的色彩设计中，从自然对象或美术作品中选取色彩素材，通过学习分析，提炼概括出素材中的色彩因素和形式结构，在新的构图中运用这些提炼的色彩与形式，重新构成画面，达到艺术的再创造。色彩借鉴一般有整体归纳借鉴、局部择取借鉴和节奏与韵律借鉴等。

色彩借鉴的主要目的是通过借鉴学习，研究优秀成功的案例的优点，总结自己色彩运用的缺点，对比研究，找出差异，培养色彩运用的色彩感知能力。

4．色彩归纳

色彩归纳是衔接绘画与设计的桥梁，色彩归纳的训练在观察方法、思维方式以及表现形式上均构成了独特的指向。比较而言，一般的绘画写生较多采用写实的方式，以准确地表达对象的客观存在状态为目标，色彩归纳写生是面对客观事物的时候，强化主观表现和理性的设计意念。如图 2-4-3 所示，用三种颜色设计的海报具有极强的视觉冲击力。

图 2-4-3　色彩归纳
图片来源：学生作业

习作5　辨识物体的色彩三属性

作业内容：辨识物体的色彩属性。

作业形式：图纸 A3，手绘。

作业要求：1. 选择任意两种纯色，通过逐渐增加对方色彩，形成两色的均衡过渡的系列色彩，并组成一个美好的画面。

2. 色相推移。包括三分之一色相环的色相推移，二分之一色相环的色相推移，全色相环的色相推移等。

3. 明度推移。选择任意一种单色，分别通过逐渐加黑和加白，调配出过渡均衡的明度系列，并组成一个美好的画面。

4. 纯度推移。先选择任意一种纯度较高的纯色，如红色、橙色、黄色等，然后利用黑色加白色调配出与该纯色明度相仿的灰色，再通过逐渐在纯色里加这种同明度的灰色，直到完全的灰色，形成均衡变化的纯度系列色彩，并组成一个美好的画面。

5. 空间混合。选择一幅色彩丰富的图片，用色彩空间混合的原理将这幅图片重新表现出来。

要点：① 色的分解合理、感性；② 色量的比例合适恰当；③ 形态的概括控制恰当。

6. 共计 3 周完成。

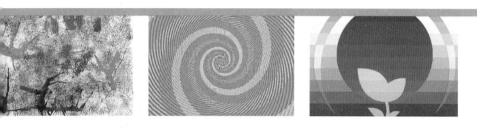

3

色彩搭配

3.1 色彩的对比

在我们生活的世界中，到处都充满着各种各样的色彩。在现实生活中，没有色彩是独立存在的。色彩与色彩成组地出现，或强烈或柔和，或和谐或冲突。将两种或两种以上的色彩以空间或视觉关系相比较，由于它们之间的并置而产生的相互作用与影响，就是色彩对比。色彩间的对比是综合性的，在观察色彩效果的特征时，可以看到色彩在多个维度上的不同类型的对比。

3.1.1 同时对比

在同一时间、同一地点进行的色彩比较称为同时对比。色相对比、明度对比、纯度对比、冷暖对比、补色对比、面积对比等都是同时对比。

同时对比很容易察觉色彩差异，参与同时对比的色彩会产生同时性效应。同时对比的基本规律是，将两种色彩同时并置时，相邻的色彩会改变或失掉原有的某些物质属性，并向对方的方向转换，从而产生新的色彩感觉（图3-1-1）。

1. 不同明度的色彩的同时性效应

两种不同明度的色彩放置在一起，则明的色彩更显明亮，暗的色彩更显深暗。

2. 不同纯度的色彩的同时性效应

纯度高的色彩更显饱和，纯度低的色彩更显灰淡。

3. 不同色相的色彩的同时性效应

两种不同色相的色彩放置在一起，都倾向于把对方推向自己的补色。补色相邻时，由于对比作用各自都增加了补色光，色鲜艳度也同时增加（图3-1-2）。

两种或两种以上的颜色并置在一起的色彩搭配中，每一种色的纯物理性质在视感觉中有所改变，色彩并置得当则可交相辉映，从而使整个色彩组合仿佛是一部绝妙的交响乐。当色彩的对比关系较微弱时，其同化性的色彩视觉效果就会增强；当色彩的对比关系较显著时，同化性的色彩视觉感受会减弱。

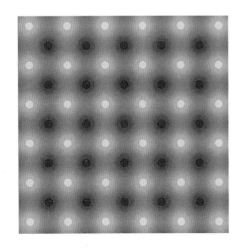

图3-1-1 同时对比图解
图片来源：https://www.pinterest.com

图3-1-2 同时对比
图片来源：https://www.pinterest.com

同时性效果可以根据配色的需要，将它扩大或抑制。如需要加强同时性效果时，可以在色彩中适当加入对方的补色；需要减弱同时性效果时，可以在色彩中适当加入对方色彩。

3.1.2 连续对比

在不同的画面或不同的地点，需间隔一段时间才能先后看到的两种颜色产生的色彩比较，称为连续对比（图3-1-3）。

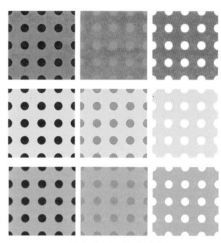

图 3-1-3 连续对比
图片来源：https://www.pinterest.com

连续对比最显著的特征是对比的双方色彩具有色彩的不稳定性。在同时对比中，色相的差异很容易辨别；而在连续对比中，由于无法获得直接比较，色彩的微差就不容易分辨了。此外，连续对比中色相、明度、纯度的对比越强，时间差对色彩分辨力的影响越小，就像两个穿不同红色衣服的人站在一起，很容易比较出两种红色的色相差别；而分别看到两个人时，则难以判断两种红色的差异。

进行连续对比时，会产生视觉残像。我们看了一种色彩后再看另一种色彩时，另一种色彩就会带有前一种色彩的补色倾向，被称作视觉残像，亦称视觉色彩补偿现象。例如当我们凝视一块绿色，然后把目光迅速移到一张白纸上，我们就会发现相同形状的一块红色虚像出现（图3-1-4）。

图 3-1-4 视觉残像
图片来源：https://www.pinterest.com

视觉残像的形成是由神经兴奋所留下的痕迹而引发的，人的视觉对色彩永远需求一种生理的平衡，即人眼看到任何一种颜色时，总要求它的相对补色，如果客观上这种补色没有出现，眼睛就会自动调节，在视觉中制造这种颜色补偿。

视觉残像现象在现实生活中具有重要意义。1925 年，美国外科医生们发现手术时白色墙壁上常产生若隐若现的血红色视觉残像，使视觉处于疲劳状态。色彩学家别林（Faber Birren）经过研究后利用补色原理，在手术室的白墙上涂红色的补色——淡蓝或淡绿色，可以避免和减缓血液的色彩对人视觉长时间的冲击，从而有效调节人的视觉、缓解心理疲劳。

3.1.3 色相对比

色相环上任何两种颜色或多种颜色并置在一起时，在比较中呈现色相的差异，从而形成的对比现象，称之为色相对比（图3-1-5）。比如红色和橙色，相邻较近，对比效果就比较弱；红色和黄色，距离较远，角度较大，那么两者的对比效果就强。它是色彩对比的一个根本方面，其对比强弱程度取决于色相之间在色相环上的距离和角度，距离和角度越小对比越弱，反之则对比越强。

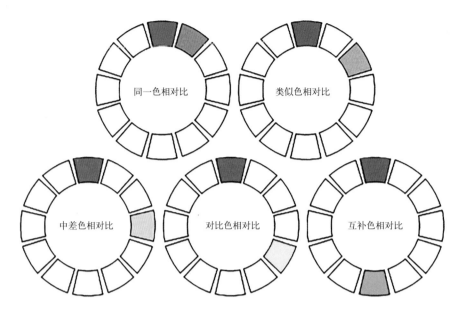

图 3-1-5　色相对比
图解
图片来源：自绘

1. 同一色相对比

色环上呈 30° 的两色对比，对比效果柔和，常用来表现一种雅致、含蓄、单纯、统一的视觉情感。但应避免过于单调、简单，运用时需要依靠丰富的明度和纯度的变化来丰富视觉（图 3-1-6）。

2. 类似色相对比

色环上呈 60° 的两色对比，色相差别小，但比同一色相对比的强度大些，同样需要通过明度、纯度方面的差别对比来产生丰富的视觉效果，属于色相弱对比。画面色调统一、和谐（图 3-1-7）。

3. 中差色相对比

色环上呈 90° 的两色对比，色相差别适中，属于色相中对比。色彩的差异进一步增强，画面色彩显得丰富、立体，且由于色彩并不是非常对立，而易

图 3-1-6　同一色相对比
图片来源：www.baidu.com

图 3-1-7　类似色相对比
图片来源：学生作业

图 3-1-8 中差色相对比
图片来源：https://www.pinterest.com

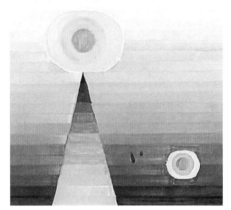

图 3-1-9 对比色相对比
图片来源：学生作业

于做到统一、调和（图 3-1-8）。

4. 对比色相对比

色环上呈 120° 的两色对比，色相差别强烈，属于色相强对比。色彩差异很大，画面色彩丰富、色彩对比强烈。各色相由于相互对比，各自的色相感更为凸显，因此画面具有更丰富、更鲜明的视觉感（图 3-1-9）。

5. 互补色相对比

色环上呈 180° 的两色对比，因为互为补色而产生剧烈碰撞，色相差别最强烈，属于最强的色相对比。它将色相间的对比推向极致，可以满足视觉全色相（红、黄、蓝）的要求，得到视觉生理上的平衡，画面对比最丰富、刺激，具有热情奔放的特点和强烈的动感（图 3-1-10 ～图 3-1-12）。

6. 零度色相对比

包括无彩色之间的对比、无彩色和有彩色之间的对比。无彩色之间的对比，

图 3-1-10 互补色相对比 1
图片来源：https://www.
pinterest.com

图 3-1-11 互补色相对比 2
图片来源：https://www.
pinterest.com

图 3-1-12 互补色相对比 3
图片来源：https://www.pinterest.com

比如黑与白、黑与白与灰。无彩色和有彩色之间的对比，比如黑绿、白紫、灰蓝。有彩色与白色对比时，会显得比较明亮，与黑色对比时，会显得比较深暗；而与黑与白混合的灰色对比时，则会推动原色彩的彩度（图3-1-13）。

　　同一色相对比、类似色相对比、中差色相对比属于调和对比，色彩对比温和、明快，如红与黄、黄与绿等，易于形成和谐舒适的感受（图3-1-14）。

　　对比色相对比、互补色相对比属于强烈对比，效果醒目有张力，但也容易杂乱无章造成视觉疲劳。如黄绿与红紫、红与蓝绿、黄与蓝紫对比等，效果响亮炫目，但容易产生幼稚、混乱、不安定等不良感觉（图3-1-15）。

　　通过不同的色相关系的组合，可形成不同的色相对比，营造不同的色彩氛围与色彩感觉。在进行色相对比的练习时，为了体验更纯粹的色相关系，要尽可能地减弱纯度、明度带来的对比。如主要的对比色相要保持一定高纯度，不相关的色彩尽可能不出现或少出现，以充分达到练习的效果（图3-1-16～图3-1-19）。

图 3-1-13　零度色相对比

图片来源：装饰艺术图例

图 3-1-14　调和对比

图片来源：www.baidu.com

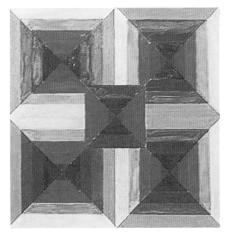

图 3-1-15　强烈对比

图片来源：学生作业

图 3-1-16　色相对比 1

图片来源：https://www.pinterest.com

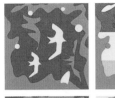

图 3—1—17 色相对比 2	图 3—1—18 色相对比实践 1	图 3—1—19 色相对比实践 2
图片来源：https://www.pinterest.com	图片来源：https://www.pinterest.com	图片来源：https://www.pinterest.com

3.1.4 明度对比

　　明度对比是色彩的明暗程度的对比，也称色彩的黑白度对比。明度对比是色彩构成的最重要的因素，色彩的层次与空间关系主要依靠色彩的明度对比来表现。只有色相的对比而无明度对比，图案的轮廓形状难以辨认；只有纯度的对比而无明度的对比，图案的轮廓形状更难辨认。据日本大智浩的估计，色彩明度对比的力量要比纯度大三倍，可见色彩的明度对比是十分重要的。

　　明度不同的颜色如果置于同一空间进行比较，其明度差会衬托得更加强烈，能使明的更明，暗的更暗，这就是明度对比现象。例如：以黑色和白色作为背景，分别在中央放置同一灰色，黑色背景中的灰色比白色背景中的灰色显得更加明亮（图 3—1—20）。

图 3—1—20 明度对比现象

图片来源：http://www.famous1993.com.tw/tech/tech140.html

　　不同明度的色阶搭配可构成不同效果的调式和对比。画面中面积占比最大的色彩明度，决定了画面的明度基调。色彩间明度差别的大小，决定明度对比的强弱。将明度基调和明度对比结合起来，可以得到明度九大调，见表3—1—1。

明度九大调		表3—1—1
高长调	高明度基调强对比（9，8，7，1，2）	
高中调	高明度基调中对比（9，8，7，3，4）	

高短调	高明度基调弱对比（9，8，7，5，6）	
中长调	中明度基调强对比（6，5，4，1，9）	
中中调	中明度基调中对比（6，5，4，2，8）	
中短调	中明度基调弱对比（6，5，4，3，7）	
低长调	低明度基调强对比（3，2，1，9，8）	
低中调	低明度基调中对比（3，2，1，7，6）	
低短调	低明度基调弱对比（3，2，1，5，4）	

1．色彩明度基调

（1）低明度基调

在画面中，当以低明度色彩（1～3色阶）为主，占画面绝大多数面积时，画面成低明度基调（图3-1-21）。特点：厚重、沉着、古朴并引发阴暗、神秘、忧郁、压抑的感觉，有时也可带来阴险、悲哀的想象。

（2）中明度基调

在画面中，当以中明度色彩（4～6色阶）为主，占画面绝大多数面积时，画面成中明度基调（图3-1-22）。特点：朴素、平静并引发稳重、朴实的感觉，有时也可带来中庸、平安的想象。

（3）高明度基调

在画面中，当以高明度色彩（7～9色阶）为主，占画面绝大多数面积时，画面成高明度基调（图3-1-23）。特点：清爽、明亮、阳光感强，并可以引发欢快、轻松、健康的感觉，有时也可带来软弱、苍白的想象。

图 3-1-21　低明度基调

图片来源：装饰艺术图例

图 3-1-22　中明度基调

图片来源：学生作业

图 3-1-23　高明度基调

图片来源：https://www.pinterest.com

2．色彩明度对比

（1）短调

画面主要配色的明度差在3级以内的组合，明度对比弱，称短调，又称明度弱对比。特点：柔和、模糊、光感弱，体感差，节奏感弱，显得高雅、平稳。

（2）中调

画面主要配色的明度差在5级以内的组合，明度对比适中，称中调，又称明度中对比。特点：稳重、适中，也会显得平均、中庸。

（3）长调

画面主要配色的明度差在5级以上的组合，明度对比强，称长调，又称明度强对比。特点：形象鲜明、清晰并富有光感、体感，显示活力、力量，有时会显得生硬、空洞。

3．明度对比调性

明度对比有十大类别，如图3-1-24～图3-1-26所示。

（1）高长调

如8：9：1等，其中8为浅基调色，面积应大，9为浅配合色，面积也较大，1为深对比色，面积应小。该调明暗反差大，感觉刺激、明快、积极、活泼、强烈，有强的、男性的、丰富的效果。

（2）高中调

如7：8：4等，该调明暗反差适中，感觉明亮、愉快、清晰、鲜明、安定。

（3）高短调

如8：9：6等，该调明暗反差微弱，形象不分辨，感觉优雅、少淡、柔和、高贵、软弱、朦胧、女性化。

（4）中长调

如6：5：9或6：5：1等，该调以中明度色作基调、配合色，用浅色或深色进行对比，感觉强硬、稳重中显生动、男性化。

（5）中中调

如6：5：2等，该调为中对比，感觉较丰富。

（6）中短调

如5：4：6等，该调为中明度弱对比，具有如做梦似的薄暮感，显得含蓄、模糊而平板。

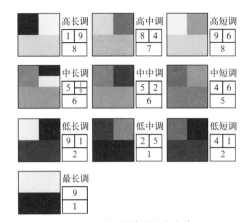

图3-1-24　明度对比九宫格
图片来源：http://u-cooler.com/AZGLZ/
imagehtml/8495002.html

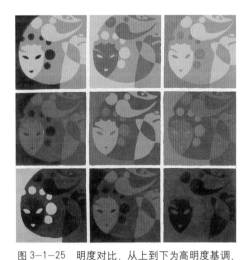

图3-1-25　明度对比，从上到下为高明度基调、
中明度基调、低明度基调
图片来源：http://blog.sina.com.cn/s/
blog_4ce8072501000art.html

图3-1-26　明度对比
图片来源：http://www.tupian114.com/
psd_4844356.html

（7）低长调

如2：9：1等，该调深暗而对比强烈，感觉雄伟、深沉、警惕、有爆发力，具有苦恼和苦闷感。

（8）低中调

如1：2：5等，该调深暗而对比适中，感觉保守、厚重、朴实、男性化。

（9）低短调

如2：4：1等，该调深暗而对比微弱，感觉沉闷、神秘、孤寂、恐怖、薄暗、低沉，具有无助无望的忧郁感。

（10）最长调

最强对比的1：9，感觉强烈、单纯、生硬、锐利、眩目等。

一般来说，高调愉快、活泼、柔软、弱、辉煌、轻；低调朴素、丰富、迟钝、重、雄大有寂寞感。明度对比较强时光感强，形象的清晰程度高，锐利，不容易出现误差。明度对比弱、不明朗、模糊不清时，则如梦，显得柔和静寂、柔软含混、单薄、晦暗、形象不易看清，效果不好。明度对比太强时，如最长调，会产生生硬、空间、眩目、简单化等感觉（图3-1-27、图3-1-28）。

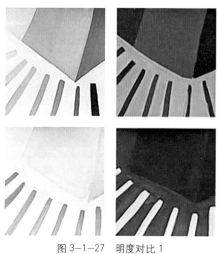

图3-1-27　明度对比1
图片来源：学生作业

图3-1-28　明度对比2
图片来源：学生作业

对装饰色彩的应用来说，明度对比的正确与否，是决定配色的光感、明快感、清晰感以及心理作用的关键。因此，在配色中，既要重视非彩色的明度对比的研究，更要重视有彩色之间的明度对比的研究，注意检查色的明度对比及其效果，这是应掌握的方法。

3.1.5　纯度对比

将两个或两个以上不同纯度的色彩并置在一起能够产生色彩的鲜艳或浑浊的感受对比，这种色彩纯度上的比较，称为纯度对比。在运用色彩时，如果只会用高纯度的色彩堆积在画面上，会给人一种刺激和烦躁的感觉；反之，如果画面全是灰色，缺少适当纯色来对比，画面又容易显得单调和沉闷。可见，色彩的纯度对比是十分重要的。

一种颜色与另一种更鲜艳的颜色相比较时，会感觉不太鲜艳，但与不鲜艳的颜色相比时，则显得鲜艳，这种色彩的对比便称为纯度对比现象。以橙色和蓝色作为背景，分别在中央放置同一高纯度的黄色图形，蓝色背景中的图形比橙色背景中的图形显得更加鲜艳、纯度高（图3-1-29）。纯度对比可以体现在同一色相不同纯度的对比中，也可体现在不同的色相对比中。纯红与纯绿相比，红色的鲜艳度更高，纯黄与黄绿相比，黄色的鲜艳度更高（图3-1-30、图3-1-31）。

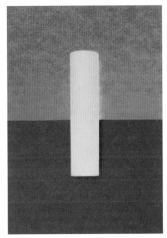

图3-1-29　纯度对比现象
图片来源：https://www.pinterest.
com

图3-1-30　同一色相的纯度对比
图片来源：https://www.pinterest.
com

图3-1-31　不同色相的纯度对比
图片来源：学生作业

1．色彩纯度基调

（1）高纯度基调

高纯度色彩在画面占大部分面积时（约70%以上），形成高纯度基调（图3-1-32）。色相感强，色彩鲜艳，形象清晰，具有强烈的视觉冲击力，带来热烈、刺激、外向、积极的氛围。

（2）中纯度基调

中纯度色彩在画面占大部分面积时（约70%以上），形成中纯度基调（图3-1-33）。这实际上在很多时候是一种理想的调式，既富有色彩，但色彩又由于纯度有所下降而不刺激，显得雅致、耐看，带来中庸、平和、自然的感觉。

（3）低纯度基调

低纯度色彩在画面占大部分面积时（约70%以上），形成低纯度基调（图3-1-34）。色相感差（弱），色彩暗淡，

图3-1-32　高纯度基调
图片来源：https://www.pinterest.com

图 3-1-33　中纯度基调

图片来源：https://www.pinterest.com

图 3-1-34　低纯度基调

图片来源：装饰艺术图例

形象模糊，造成朴素、朦胧、含蓄、消极、悲哀、黑暗、阴险等感受。把握得好，色彩将富有韵味，令人回味，但应避免由此带来的灰、脏、粉等不良效应。

2. 色彩纯度对比

（1）强对比

构成画面的主要色彩纯度差别大，纯度高的色彩更显饱和，更显鲜亮；纯度低的色彩更显灰暗。纯度强对比具有色感强、明确、刺激、生动、华丽的特点，有较强的表现力度，通过强对比可以突显想表现的重点。纯度强对比由于具有色彩明快、容易协调的特点，在设计中是常用的配色方法之一，但具体运用时仍要注意避免生硬、杂乱的毛病。

（2）中对比

构成画面的主要色彩纯度有一定差别，或是高纯度和中纯度色的搭配，或是中纯度和低纯度色的搭配，画面相对稳定统一。纯度中对比具有温和、稳重、沉静、文雅等特点，但由于视觉力度不太高，容易缺乏生气，在构成时可通过明度变化，并在大面积的中纯度色调中，适当配以一两个具有纯度差的色，使画面效果生动。

（3）弱对比

构成画面的主要色彩纯度比较接近的色彩构成的搭配，适宜表现凝重、稳定、平静的感觉。此对比虽然容易调和，但缺少变化，非常暧昧，具有色感弱、朴素、统一、含蓄的特点，易出现模糊、灰、脏的感觉，构成时注意借助色相和明度的变化。

色彩中的纯度对比，纯度弱对比的画面视觉效果比较弱，形象的清晰度较低，适合长时间及近距离观看。纯度中对比是最和谐的，画面效果含蓄丰富，主次分明。纯度强对比会出现鲜的更鲜、浊的更浊的现象，画面对比明朗、富有生气，色彩认知度也较高。纯度对比变化如图 3-1-35 所示。

同样，我们也可以将纯度基调和纯度对比相结合，加上极端的最强对比，得到 10 种调式：鲜强对比、鲜中对比、鲜弱对比、中强对比、中中对比、中

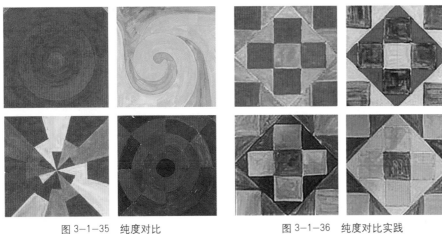

图 3-1-35 纯度对比
图片来源：学生作业

图 3-1-36 纯度对比实践
图片来源：学生作业

弱对比、灰强对比、灰中对比、灰弱对比、最强对比（纯色和黑、白、灰等无彩色的直接搭配，使纯色更鲜艳饱和，而无彩色则有纯度补色的倾向，效果醒目、强烈）。通过和谐的色彩搭配，可获得令人愉悦的纯度对比（图 3-1-36）。

3.1.6 冷暖对比

由于色彩感觉的冷暖差别而形成的色彩对比称为冷暖对比，色彩的冷暖感主要来自人的生理与心理感受。冷暖本来是人体皮肤对外界温度高低的触觉，视觉又是触觉的先导，人们通过对生活的积累，对视觉、触觉及心理活动进行下意识的联系，产生冷暖色彩对比。

1. 冷暖色系

从色彩心理来考虑，我们把橘红色的纯色定为最暖色，它在色立体上的位置成为暖极；把天蓝色的纯色定为最冷色，它在色立体上的位置成为冷极；并用冷暖两极的关系来划分色立体其余色的冷暖程度与冷暖差别（图 3-1-37）。

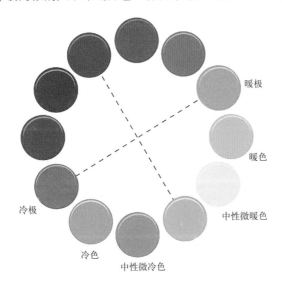

图 3-1-37 冷暖色轮图
图片来源：http://www.th7.cn/Design/photography/201701/838817.shtml

（1）暖色系

红色、橙红色、橙色、黄色等，让人们联想到火焰、日出，使我们感到温暖、醒目、热情、活力等，被称为"暖色"（图3-1-38）。

（2）冷色系

蓝色、青色、蓝青色等，让人们联想到严冬、流水，使我们感到寒冷、凉爽、深邃、平静等，被称为"冷色"（图3-1-39）。

（3）中性色系

绿色和紫色与上述暖色与冷色相比，我们很难判定出它们的冷暖，因此被称为"中性色"（图3-1-40）。

图 3-1-38　暖色系
图片来源：学生作业

图 3-1-39　冷色系
图片来源：学生作业

图 3-1-40　中性色系
图片来源：学生作业

需要注意的是，黄绿中黄色的成分比蓝色多，蓝绿中黄色的成分比蓝色少，所以又可把黄绿列为暖色，蓝绿列为冷色。同理，红紫含红色较多，为暖色；蓝紫含蓝色较多，为冷色。

2. 暖调构成和冷调构成

（1）暖调构成

画面构成的主要色彩是红、橙、黄等暖色（占画面70%以上），称为暖调（图3-1-41）。暖调对应：日光、不透明、刺激、浓厚、固定、近、重、干。

（2）冷调构成

画面构成的主要色彩是蓝、青等冷色（占画面70%以上），称为冷调（图3-1-42）。冷调对应：阴影、透明、镇静、稀薄、流动、远、轻、湿。

3. 色彩冷暖对比

（1）最强对比

冷暖的极色对比为冷暖感觉的最强对比。

（2）强对比

冷极色与暖色的对比，暖极色与冷色的对比为冷暖的强对比。

（3）中对比

暖极色、暖色与中性微冷色，冷极色、冷色与中性微暖色的对比为中对比。

图 3-1-41　暖调构成

图片来源：www.baidu.com

图 3-1-42　冷调构成

图片来源：www.baidu.com

（4）弱对比

暖极色与暖色、冷极色与冷色、暖色与中性微暖色、冷色与中性微冷色的对比为弱对比。

高纯度的冷色显得更冷，暖色更暖。色彩纯度降低、明度向中明度靠近，色彩的冷暖感觉也随之降低向中性变化。

色彩的冷暖可以产生视觉上的远近透视。在生理上，暖色在人眼视网膜上成像靠前，因而具有膨胀和前进感，纯度高，对比强的色彩感觉距离近；冷色则在视网膜靠后的区域成像，具有收缩感，偏冷含灰、对比弱的色彩感觉距离远。暖色会使人在生理上血压升高、血液加快，产生兴奋、积极、躁动的心理；冷色则使人镇静、消极、压抑、血压下降、心跳平缓。色彩的冷暖对比如图 3-1-43、图 3-1-44 所示。

图 3-1-43　冷暖对比 1

图片来源：学生作业

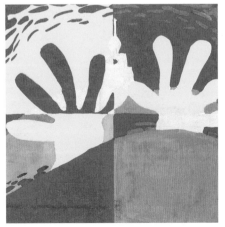

图 3-1-44　冷暖对比 2

图片来源：www.baidu.com

3.1.7　面积、形状、位置与色彩对比

1．面积与色彩对比

　　面积对比是指画面中各种色彩面积的大小和比例。色彩总是伴随着一定的面积出现并参与对比，面积和明度决定纯度色彩的力量。借由颜色面积大小与色量比例，可以拉开主从关系，并在多种色彩间取得平衡，在统一中富有变化（图3-1-45）。

　　面积对比如图3-1-46、图3-1-47所示，具有如下规律：

　　（1）对同一色彩而言，面积越大，明度、纯度感越强，视觉的刺激力量越强；面积越小，明度、纯度感越弱，视觉的刺激力量越弱。面积大时，亮色显得更轻，暗色显得更重，色彩更鲜艳。

　　（2）色与色之间以相等的比例参与对比时，互相之间产生抗衡，对比效果最强烈。色彩的大面积对比可造成眩目效果，色面积均等时，对比最强。

　　（3）随着对比色一方的面积逐渐扩大，另一方的面积逐渐缩小，对比逐渐减弱。即色面积越悬殊，对比越弱，并逐渐走向由面积大的一方主控画面的色调。

　　（4）面积减少的一方，因为同时性作用，有对方色彩的补色的倾向。如"万绿丛中的一点红"，将显得分外鲜艳夺目。

图 3-1-45　面积与色彩对比
图片来源：www.baidu.com

色彩相同，面积相同

色彩不同，面积相同

色彩相同，面积不同

色彩不同，面积不同

图 3-1-46　面积对比
图片来源：http://blog.sina.com.cn/s/blog_
af09a32901015pwo.html

图 3-1-47　面积对比
实践
图片来源：https://www.
pinterest.com

2. 形状与色彩对比

形状与色彩在某些情况下会在人的心理上产生相近的反应，红色与正方形、黄色与正三角形、蓝色与圆形，这些形状与相应的色彩配合使用就能有互相加强的效果（图3—1—48）。

图 3—1—48　色彩与形状的对应关系示意图
图片来源：https://www.pinterest.com

红色：有重量感和不透明性，稳定、强烈，具有90°的直角和正方形的特征。

橙色：安稳、敦厚、温和、不透明，具有60°角和长方形的特征。

黄色：明散而没有重量，积极、明锐、活跃、爽快，具有小于60°的锐角和等腰三角形的特征。

绿色：给人以冷静、自然、清凉、宽坦的感觉，具有80°锐角和六角形的特征。

紫色：柔和、女性、无锐利感、虚无、变换，具有120°角和椭圆形的特征。

蓝色：轻快、流动、通透、渺茫、寒冷，具有180°角和圆形的特征。

形状的不同也会引起不同强度的色彩对比，形状越集中、简单，色彩间的冲突力越大，受其他色影响越小，受注目程度越高，对比效果越强；形状越分散、复杂，色彩间的冲突力越分散，对比效果越弱，越容易受到补色影响（图3—1—49）。

一般以直线组合成的正方形类，所对应的色彩感比较稳重、坚硬、质朴、男性化；以曲线组合成的圆形、椭圆形等曲线形，一般有柔、轻、轻快、华丽等色彩意味；形与色的对应关系既有一定的规律性，也有许多的特殊性。此外，

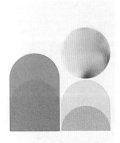   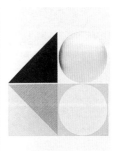

图 3—1—49　形状与色彩对比
图片来源：https://www.pinterest.com

人们对色彩与形态的感受有共性也有个性，通过色彩实践，有助于理解色彩的各种特性和视觉心理效应。

3．位置与色彩对比

位置与色彩对比主要体现在色彩的色相和距离上，如蓝色带有轻快的色感，在画面下方时具有上升感；红色具有重量感和实在感，在画面上方时具有下坠感（图3-1-50）。

当两种或两种以上的色彩因为差异而产生对比时，有如下特点：

（1）对比双方的色彩距离越近，对比效果越强，反之则越弱。

（2）双方互相呈接触、切入状态时，对比效果更强（图3-1-51）。

（3）一色包围另一色时，对比的效果最强（图3-1-52）。

（4）视点决定了画面的中心，在正常的平视角度下，视觉中心处于画面中心点偏上的位置，在此位置偏右上一点，可看作视域中最活跃的位置，即视中心。在作品中，一般是将重点色彩设置在视觉中心部位，最易引人注目（图3-1-53）。

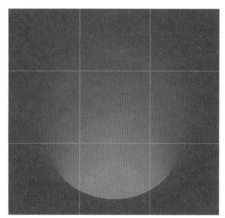

图3-1-50　位置与色彩对比
图片来源：https://www.pinterest.com

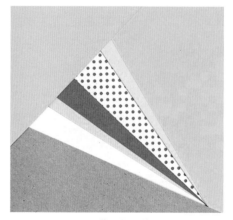

图3-1-51　位置切入的色彩对比
图片来源：学生作业

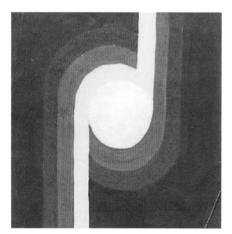

图3-1-52　位置包围的色彩对比
图片来源：学生作业

图3-1-53　视觉中心
图片来源：学生作业

习作 6 色彩对比

作业内容：运用色相、明度、纯度对比规律，制作色彩对比。

作业形式：A3 白卡纸手绘。

作业要求：1. 绘制一张色相对比四宫格，图片尺寸为 130mm×130mm×4，
分别体现类似色相对比、中差色相对比、对比色相对比、互补
色相对比。

2. 绘制一张明度对比九宫格，图片尺寸为 90mm×90mm×9，体
现色彩明度九大调的对比。

3. 绘制一张彩度对比九宫格，图片尺寸为 90mm×90mm×9，体
现色彩彩度九大调的对比。

4. 可采用同一构图或一个构图分为 4 份或 9 份。

5. 共计 2 周时间完成。

评分标准：1. 水粉色彩调色准确，色彩对比鲜明，整体视觉效果佳。

2. 构图有创意，具有艺术美感。

3.2 色彩的调和

3.2.1 色彩调和理论

　　色彩如同音符，需要经过和谐的组合，才能谱出美妙的乐章。没有一种
色彩是独立存在的，也没有哪一种颜色本身具有美或丑的属性。只有当色彩成
为一组颜色组成中的一员时，我们才能辨别这个颜色在这里是协调或不协调，
适合或不适合。

　　将两个或两个以上的色彩有次序、协调统一地组织在一起，营造和谐的
美的色彩关系，被称为色彩调和（图 3-2-1）。它偏重于满足视觉生理的需求，
并以适目的色彩效果为依据，总结出色彩的秩序与量的关系。

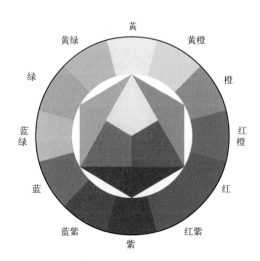

图 3-2-1 色彩调和示意图
图片来源：自绘

根据生理学和心理学的研究，伊登提出了色彩调和理论：

1. 二色调和

凡是通过色立体中心的两个相对的颜色（互补色）都是可以组成调和的色组。

2. 三色调和

凡是在色相环中构成等边三角形或等腰三角形的三个色是调和的色组。也可将这些等边或等腰三角形或任意不等边三角形使其三点在图中自由转动，可找到无限个调和色组。

3. 四色调和

凡是在色相环中构成正方形或长方形的四个色是调和的色组，如果采用梯形或不规则四边形，也可获得无数个调和色组。

4. 五色以上的调和

凡在色相环中构成五角形、六角形、八角形等的五、六、八个色是调和色组。伊登认为"理想的色彩和谐就是要用选择正确的对偶的方法来显示其最强效果"。

奥斯特瓦德说过："效果使人愉快的色彩组合，我们称之为调和。""调和是视觉生理最能适应的感觉，即视觉生理平衡。""调和等于秩序。"色彩表现的基本原则是对比和调和。色彩调和的规律，包含着力量的对称、节奏的平衡。好的色彩关系是调和中有对比，对比中求调和。只有调和的配色才会给人一种赏心悦目、品位高雅之感，反之就会使人感到生硬、刺目、品位俗劣。

3.2.2 如何调和色彩

1. 同一调和

（1）同色相调和

指孟塞尔色立体、奥斯特瓦德色立体同一色相页上各色的调和（图 3-2-2、图 3-2-3）。由于色相相同，只有明度、纯度的差别，因此它们之间形成的色彩搭配具有单纯、简洁、爽快的美感，稳定、温馨、保守、传统、恬静。

图 3-2-2　同色相调和 1
图 3-2-3　同色相调和 2
图片来源：学生作业

（2）同明度调和

指孟塞尔色立体、奥斯特瓦德色立体同一水平面上
各色的调和（图3-2-4）。明度相同，色相、纯度不同。
除色相、纯度过分接近而显得模糊或互补色相之间纯度
过高而不调和外，其他搭配均能取得含蓄、丰富、高雅
的调和效果。

（3）同纯度调和

指孟塞尔色立体、奥斯特瓦德色立体中距离色立体
中轴同等距离的各色的调和（图3-2-5）。具有相同的
纯度以及不同的色相、明度。除色相差、明度差过小、
过分模糊，纯度过高、互补色相过分刺激外，均能取得
审美价值很高的调和效果。

图 3-2-4　同明度调和
图片来源：学生作业

   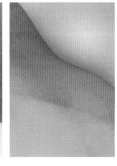

图 3-2-5　同纯度调和
图片来源：https://www.
pinterest.com

（4）无彩色调和

指色立体的中轴即无纯度的黑、白、灰之间的调和
（图3-2-6）。主要指表现明度的特性，除明度差别过小、
过分模糊不清及黑白对比过分强烈炫目外，都能取得很
好的调和效果。黑、白、灰与其他有彩色搭配也能取得
调和感很好的色彩效果。

（5）调性调和

所有对比的色彩笼罩在同一的色彩倾向之下，好似
我们戴有色的眼镜看色彩一样，所有的色彩都罩上眼镜
的色彩，显得非常协调、统一（图3-2-7）。

2. 类似调和

类似调和是指在色彩搭配中，选择性质或程度很接
近的色彩组合以增强色彩调和的方法（图3-2-8）。由
于在色相环中位置相邻的色彩之间含有共同的因素（如
蓝色与紫色互为邻近色，都含有蓝色的因素），因此，
选用邻近色作配比色极易取得和谐效果。而且由于邻近

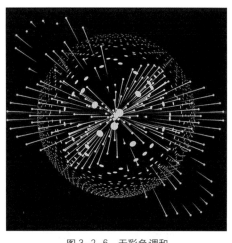

图 3-2-6　无彩色调和
图片来源：https://www.pinterest.com

图 3-2-7 调性调和
图片来源：学生作业

图 3-2-8 类似调和
图片来源：学生作业

色虽含有共同的色素，但却又分属两个不同的色系，因此会给人一种既有不同色相上的对比、又含蓄统一这样一种既变化又统一的配色效果。类似调和相较于同一调和，变化丰富得多，同时也是规律性较强、应用最多的一种。

主要的方法有：

(1) 明度近似，变化色相与纯度。

(2) 色相近似，变化明度与纯度。

(3) 纯度近似，变化明度与色相。

3. 秩序调和

在色彩关系的处理中，把不同明度、色相、纯度的色彩组织起来，形成渐变的或有节奏的、有韵律的色彩效果，使原来对比过分强烈刺激的色彩关系柔和起来，使本来杂乱无章的色彩因此有条理、有秩序、和谐、统一起来的方法，称为秩序调和。

(1) 孟塞尔秩序调和法

孟塞尔秩序调和法主要分为垂直调和、内面调和、斜内面的调和、圆周上的调和、斜横内面的调和、椭圆形的调和、螺旋形的调和（图 3-2-9）。

①垂直调和：即同色相、同纯度、不同明度的秩序调和，这是一种属于单一色相的调和。

②内面调和：同色相、同明度、不同纯度的秩序和互补色相，同明度、不同纯度的秩序调和。

③斜内面的调和：斜内面调和明度和纯度同时变化，即任何一段色彩的明度升高或降低，纯度必然降低或升高。

④圆周上的调和：同明度、同纯度的色相秩序调和。

⑤斜横内面的调和：同色相、不同明度与纯度秩序调和。

⑥椭圆形的调和：一种最多色相的调和法，可以保留同纯度的许多补色对的调和，色彩变化更有规律，色感觉更丰富。

⑦螺旋形的调和：此种调和方式是一种多色相的调和原则，色调变化丰富、华丽，所以选色时，在主色调的地方，使用与主色调相差较远的色彩，这样才不至于产生与色相分立或对立的局面。

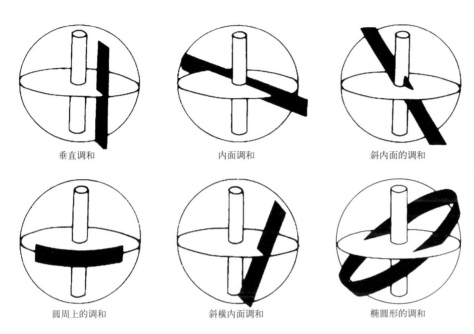

垂直调和　　　　　　　内面调和　　　　　　　斜内面的调和

圆周上的调和　　　　　斜横内面调和　　　　　椭圆形的调和

图 3-2-9　孟塞尔秩序调和法
图片来源：自绘

（2）奥斯特瓦德秩序调和法

奥斯特瓦德秩序调和法主要包括无彩色的调和、等色三角形的调和、等值色环的调和、补色对菱形剖面上的调和及轮星调和（图 3-2-10）。

（3）最常用的秩序调和法

1）明度秩序调和

通过黑白灰的秩序，将黑色逐渐加白，可构成明度渐变，由黑到白之间所分等级越多，调和感越强。

2）以明度秩序为主的调和

纯色加白或加白又加黑，可构成以明度为主的渐变，色与黑白间等级分得越多，调和感越强。

3）色相秩序调和

即指红、橙、黄、绿、青、蓝、紫所构成的色相秩序，无论高、中、低，纯度秩序均能获得以色相为主的秩序调和。

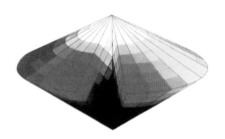

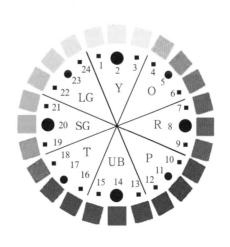

图 3-2-10　奥斯特瓦德秩序调和法
图片来源：https://www.pinterest.com

4）补色对秩序调和

补色对互相混合秩序调和，将一对互补色相互相混合，使其渐变，可获得互补色互混的秩序；补色对分别加灰形成的秩序调和；补色对分别加白形成的秩序调和；补色对分别加黑形成的秩序调和。

5）对比色相秩序调和

对比色互混秩序调和；对比色分别加白形成的秩序调和；对比色分别加灰形成的秩序调和，色相分别加黑形成的秩序调和。

6）纯度秩序调和

同色相同明度的纯度秩序调和；同色相不同明度的纯度秩序调和。

秩序调和色彩构成如图 3-2-11 ~ 图 3-2-15 所示。

4. 面积比例调和

不同色相的各个纯色在对比时，配色要达到平衡，必须要注意它们之间的明度和面积。歌德为纯度色彩的明暗色调变化拟定了一个简单的数字比例，来辅助我们认识色彩与面积的相互关系（图 3-2-16）。

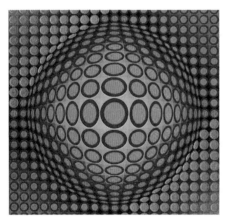

图 3-2-11　秩序调和 1
图片来源：https://www.pinterest.com

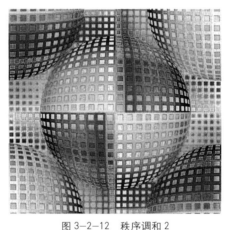

图 3-2-12　秩序调和 2
图片来源：https://www.pinterest.com

图 3-2-13　秩序调和 3
图片来源：https://www.pinterest.com

图 3-2-14　秩序调和 4
图片来源：https://www.pinterest.com

图 3-2-15 秩序调和 5

图片来源：https://www.pinterest.com

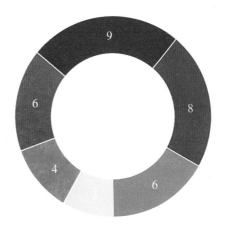

图 3-2-16 面积对比色相环

图片来源：http://www.baidu.com

歌德的光亮度比例，表达了同面积色彩的强弱对比，数列如下：

黄：橙：红：紫：蓝：绿

9：8：6：3：4：6

在将这些光亮度转变成为和谐色域时，必须将光亮度的比例倒转。即，黄色比其补色紫色强三倍，因此紫色面积需为黄色的三倍才能达成平衡。因此，和谐色域比例如下：

黄：橙：红：紫：蓝：绿

3：4：6：9：8：6

和谐的色域产生静止而安然的效果。当采用了和谐比例之后，面积对比就会被中和。如果纯色的饱和度下降，其平衡的面积比例将随之发生改变。每对补色面积均占色轮 1/3，这样旋转才可混出中性灰色。

面积营造了不同的色调，如高明度基调、中纯度基调、蓝调等，这些都是因为面积而造成的视觉感受。通过对色平衡的把握和控制，可以将本不稳定的构图协调稳定（图 3-2-17）。

5. 隔离调和

当相邻的色彩对比过于微弱、平淡，显得含糊不清，或对比过于强烈，显得对立冲突时，可以在色彩间用另一色进行隔离，使混沌的色彩关系明朗化，使刺激的色彩关系和谐化，这种调和色彩的方法就是隔离调和（图 3-2-18、图 3-2-19）。

图 3-2-17 面积比例调和

图片来源：学生作业

图 3-2-18　隔离调和 1
图 3-2-19　隔离调和 2
图片来源：装饰艺术图例

习作 7　色彩转化

作业内容：运用色彩调和规律，制作色彩调和。

作业形式：A3 白卡纸手绘。

作业要求：1. 绘制的图片尺寸为 100mm×100mm。

2. 图片共 6 张，分别采用同一调和、类似调和、秩序调和（2 张）、面积调和以及隔离调和的规律进行绘制。

3. 构图与颜色自选。

4. 共计 1 周时间完成。

评分标准：1. 水粉色彩调色准确，色彩搭配和谐，整体视觉效果佳。

2. 构图有创意，具有艺术美感。

3.3　色彩与心理

3.3.1　色彩的生理、心理作用

1. 色彩的知觉感受

根据科学研究，色彩对于人体生理和心理活动均可起到调节作用，色彩的电磁波长经由视觉传递到脑中枢神经，可促进腺体分泌激素，从而影响人的生理和心理。色彩能够引起人的强烈心理效应，如冷暖、距离、软硬、轻重等。

（1）色彩的冷暖感

色彩本身并无冷暖的温度差别，是视觉色彩引起人们对冷暖感觉的心理联想（图 3-3-1、图 3-3-2）。暖色：人们见到红、红橙、橙、黄橙、红紫等色后，马上联想到太阳、火焰、热血等物像，产生温暖、热烈、危险等感觉。冷色：人们见到蓝、蓝紫、蓝绿等色后，则很容易联想到太空、冰雪、海洋等物像，产生寒冷、理智、平静等感觉。冷暖感还与色彩的光波长短有关，光波长的给人以温暖感受，而光波短的则反之。在无彩色系中，大部分都是冷色，

图 3-3-1　色彩的冷
暖感 1
图 3-3-2　色彩的冷
暖感 2
图片来源：装饰艺术图例

灰色、金银色为中性色，黑色为偏暖色调，白色为冷色。

（2）色彩的轻重感

决定色彩轻重感觉的主要因素是明度，即明度高的色彩感觉轻，使人产生轻柔、飘浮、上升、敏捷、灵活等感觉；明度低的色彩感觉重，使人感到沉重、沉闷、稳定、神秘等。其次是纯度，在同明度、同色相条件下，纯度高的感觉轻，纯度低的感觉重。从色相方面色彩给人的轻重感觉为：暖色黄、橙、红给人的感觉重，冷色蓝、蓝绿、蓝紫给人的感觉轻（图 3-3-3、图 3-3-4）。

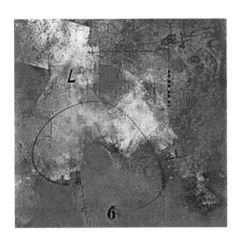

图 3-3-3　色彩的轻
重感 1
图 3-3-4　色彩的轻
重感 2
图片来源：学生作业

（3）色彩的软硬感

其感觉也主要来自色彩的明度，但与纯度亦有一定的关系。明度越高感觉越软，明度越低则感觉越硬，但白色反而软感略减（图 3-3-5、图 3-3-6）。

（4）色彩的进退感

各种不同波长的色彩在人眼视网膜上的成像有前后，波长长的色光如暖色、亮色、纯色，给人的视觉神经的刺激力强，有前进感，所以这类颜色被称为"前进色"；蓝、紫等光波短的冷色光则在外侧成像，因给人的视觉神经的刺激力弱，

图 3-3-5　色彩的软硬感 1
图 3-3-6　色彩的软硬感 2
图片来源：学生作业

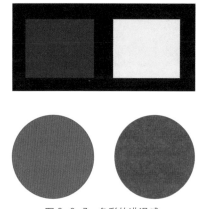
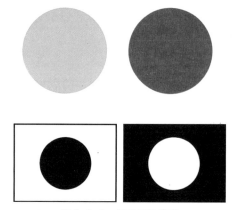

图 3-3-7　色彩的进退感
图片来源：https://www.pinterest.com
图 3-3-8　色彩的胀缩感
图片来源：https://www.pinterest.com

有后退感，所以这类颜色被称为"后退色"（图 3-3-7）。

（5）色彩的胀缩感

由于色彩有前后的感觉，因而暖色、高明度色等有扩大、膨胀感，如黄色、红色、白色等；冷色、低明度色等有显小、收缩感，如棕色、蓝色、黑色（图 3-3-8）。

（6）色彩的华丽、质朴感

色彩的三要素对华丽及质朴感都有影响，其中纯度关系最大。明度高、纯度高的色彩，丰富、强对比的色彩感觉华丽、辉煌；明度低、纯度低的色彩，单纯、弱对比的色彩感觉质朴、古雅（图 3-3-9、图 3-3-10）。

（7）色彩的活泼、庄重感

暖色、高纯度色、丰富多彩色、强对比色感觉跳跃、活泼、有朝气，

图 3-3-9　色彩的华丽感
图片来源：https://www.pinterest.com

图 3-3-10　色彩的质朴感

图片来源：https://www.pinterest.com

图 3-3-11　色彩的活泼与庄重1

图 3-3-12　色彩的活泼与庄重2

图片来源：学生作业

冷色、低纯度色、低明度色感觉庄重、严肃（图 3-3-11、图 3-3-12）。

（8）色彩的兴奋与沉静感

色彩能使人的视觉产生兴奋抑或是安静之感，从而引起观者情绪上的变化（图 3-3-13、图 3-3-14）。色彩的兴奋与平静感也可称作色彩的积极意义与消极意义。凡是色相、明度及纯度高的色彩，对视网膜的刺激较强，容易引起脑神经的兴奋，从而使人产生一种兴奋、热烈、努力进取和富有生命力的心理效应；而深暗、浑浊的颜色则能给人以沉静感，适合于表现沉静、郁闷和失落的心理效应。

兴奋与沉静感最明显的影响因素是色相，红、橙、黄等鲜艳而明亮的色彩给人以兴奋感，蓝、蓝绿、蓝紫等色使人感到沉着、平静。绿和紫为中性色，使人平静。就纯度而言，高纯度色给人以兴奋感，低纯度色给人以沉静感。

图 3-3-13 色彩的兴奋与沉静 1

图 3-3-14 色彩的兴奋与沉静 2

图片来源：学生作业

(9) 色彩与味觉、听觉和嗅觉的通感

人的味觉主要通过舌头对各种食物的品尝来完成。一般来说，黄绿色、嫩绿色能传达出酸涩的联想感觉，冷灰、暗灰、白色使人联想到咸的味道。黄色让人想到蛋糕，蓝色让人想到矿泉水，黑色让人想到煤炭、石油等，都是人对色彩的嗅觉和味觉（图3-3-15、图3-3-16）。

色彩的知觉交感性详见表 3-3-1。

图 3-3-15 色彩与味觉 1

图 3-3-16 色彩与味觉 2

图片来源：https://www.pinterest.com

色彩的知觉感受　　　　　　　　　　　　　　　　表3-3-1

色彩情感	具体说明
冷色	由色相决定，冷色以蓝色为代表
暖色	由色相决定，暖色以红色、橙色为代表
兴奋色	红、橙、黄等颜色给人的刺激性强，有热闹感，适用于抑郁症
沉着色	蓝、青等则是沉着色，有安静感，适用于狂躁病。然而，彩度低时兴奋性和沉着性都会降低，绿色和紫色是介于二者之间的中性色，观看时不易感到疲劳
华丽色	彩度高或是明度高的颜色都会给人以华丽感，白、金、银具有华丽感
朴素色	冷色、彩度低的颜色具有朴素感
轻色	高明度、低彩度的颜色感觉轻，一般情况下由轻到重依次为白＜黄＜橙＜红＜绿＜紫＜蓝＜黑
重色	低明度、高彩度的颜色感觉重，一般情况下由重到轻依次为黑＞蓝＞紫＞绿＞红＞橙＞黄＞白
进色	色感由近及远依次为红＞黄≈橙＞紫＞绿＞蓝，警示标志常用进色
退色	色感由远及近依次为蓝＞绿＞紫＞橙≈黄＞红，消除压抑、扩展空间感常用退色
柔软色	明度高、彩度低的颜色让人感觉柔软
坚硬色	明度低、彩度高的颜色有坚硬感

表格来源：作者根据罗运湖.现代医院建筑设计[M].北京：中国建筑工业出版社，2010：101-102整理。

2．色彩与疾病

色彩还具有医疗辅助功能，对不同的疾病可产生不同的疗愈效果（图3-3-17）。德国慕尼黑一家研究单位调查表明，紫色可以使怀孕妇女安定，绿色可以缓解疲劳等；国外在神经病研究史中发现一些小脑有疾病的患者，在穿红色衣服时感到失衡几乎要摔倒，而穿绿色衣服时就完全正常了。

色彩与疾病的关联详见表3-3-2。

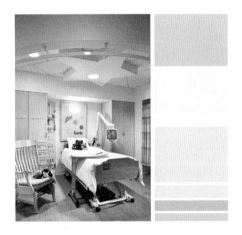

图3-3-17 病房色彩
图片来源：http://www.baidu.com

色彩的辅助医疗功能　　　　　　　　　　　　　　　　　　　　　　　表3-3-2

色相	色彩意向	辅助医疗功能
红色	热情，革命，危险，火，血液等	能促进血液流通，加快呼吸，散发精神，促进低血压病人的康复，对麻痹，忧郁症患者有一定刺激缓解作用
橙色	华美，温情，炎热，秋天等	产生活力，诱发食欲，有助于钙的吸收，利于恢复和保持健康
黄色	光明，幸福，快乐，光等	温和欢愉，能适度刺激神经系统，改善大脑功能，对肌肉、皮肤和神经系统患疾有一定疗效，浅黄色对高热病人有退热作用
绿色	和平，安全，成长，自然等	安全舒适，降低眼压，安抚情绪，放松神经，对高血压、烧伤、喉痛感冒的患者均较为适宜，且可以平衡视觉中的血色
蓝色	沉静，理想，悠久，天空，海洋等	平静和谐之色，用以缓解肌肉紧张，松弛神经，降低血压，有利于情绪烦躁、神经错乱及五官疾病的患者
紫色	优美，高贵，神秘等	可松弛运动神经，缓解疼痛，对失眠，精神紊乱可起到一定的调适作用；紫色可使孕妇安静
粉色	可爱，温馨等	给人宽慰，激发活力，唤起希望
白色	洁白，神圣，洁净等	使人安静
灰色	中庸，严谨等	使人安静

表格来源：作者根据罗运湖.现代医院建筑设计[M].北京：中国建筑工业出版社，2010：101-102整理。

3．色彩的爱好

色彩的心理功能是指当色彩作用于人时，不同的色彩会使人产生不同的心理效应，并影响人的情感态度、思维方式和性格情趣等。它实际上是由生理反应和心理判断形成，通过联想和想象的共同作用表现出来的。色彩的心理功能比人的生理反应更加复杂，往往与年龄、经历、性格、情绪、民族、风俗、地域、环境有着密切的关系。

（1）年龄与经历

不同的年龄有着不同的对心理色彩的向往和追求。从人的辨色能力及心理特点来讲，年龄越小，就越爱接近红色调的色彩；年龄越大，则越爱接近紫色调的色彩。所以儿童的卧室多用红色、黄色、蓝色、白色、绿色等纯色来布置，这些颜色具有鲜明感、强烈感，装饰意味极强；老年人房间宜用和谐宁静的暖色调装饰，如黄绿色，它具有温柔感，能使人心情舒畅；年轻人则喜欢明亮度高、对比强烈的色调，可以与墙面、家具陈设物品形成鲜明对比，也可将四面墙处理成两种颜色，以增添

图 3-3-18　女性色彩
图片来源：http:// www.pinterest.com

图 3-3-19　男性色彩
图片来源：http:// www.pinterest.com

好动、活泼的气氛。此外，性别也对色彩偏好有影响，女性更倾向于柔和明快的暖色系，男性更偏向于稳重理智的冷色系（图 3-3-18、图 3-3-19）。

（2）性格与情绪

研究发现，不同性格和不同情绪的人，心理色彩差别相当明显。例如，性格急躁的人多喜欢暖色、对比强烈和明快的色调；忧郁、怯弱、沉默的人喜欢冷色及柔和素雅的色调；活泼、热情、朝气蓬勃的人喜欢跳跃的暖色、对比色和艳丽的色调；理智、深沉、性格内向的人喜欢调和、稳重的色调（图 3-3-20、图 3-3-21）。

图 3-3-20　活泼明快的色彩
图片来源：http:// www.pinterest.com

图 3-3-21　调和稳重的色彩
图片来源：http:// www.pinterest.com

（3）民族与风俗

不同的文化背景和风俗习惯会形成不同的色彩文化，即对色彩的不同感受、不同的应用方式和审美方式（图3-3-22）。因此，当我们进行创作的时候，要考虑到色彩与民族风俗的关系，尤其是在跨文化传播中，要注意不同国家、民族的色彩爱好和禁忌。

（4）地域与环境

地理环境对人的影响十分巨大，它直接影响了地区性的色彩习惯与人们对色彩偏爱（图3-3-23、图3-3-24）。中国农耕文化的形成来自其地域和气候自然条件，而文化同时又反过来使色彩更接近大地，如我国早期的文明集中在黄河流域，土地是黄色的，

图 3-3-22　日本色彩
图片来源：http://www.pinterest.com

先民崇拜黄色；在乡村生活的人更多喜欢绿色；沙漠国家的人可能更多喜欢黄色；在北欧和俄罗斯靠近寒带的地区，由于常年生活在寒冷中，可能更偏爱冷色调；靠近海洋的国家或地区一般崇拜蓝色，甚至在他们的国旗中蓝色也会出现。

（5）修养与审美

人的职业、修养、审美与色彩也存在关系。文化素养较高和大部分脑力劳动者偏爱调和、素雅、温柔、深沉的冷色调；司机、炼钢工人由于他们在工

图 3-3-23　城市色彩1
图 3-3-24　城市色彩2
图片来源：http://www.pinterest.com

作中整天接触纷乱、热烈的颜色，回家后宜处在淡雅的冷色居室中，以得到充分的视觉休息和情绪放松，消除疲劳；而医生工作时接触单色太多，其居室布置应该用暖色调和对比色调。

另外，审美的标准还是随着时代的发展而变化的，如中国在 20 世纪 50～60 年代，人们衣服的色彩灰暗，以军装、工装的颜色为主；改革开放之后，中国人的审美随着大量外来文化的涌入而发生变化，服装的色彩摆脱了单调的束缚，变得多姿多彩起来，直到今天，每一年的流行色都各不相同。

3.3.2 色彩的联想与象征

在主观性绘画的创作与研究中，掌握色彩的语言与意义是打开色彩表现情感大门的一把必备钥匙。虽然艺术家们在色彩的运用上与阐释上并无固定的规则可循，专家们对于色彩代表的广泛意义也是虽有共识却论调不一，但这并不影响色彩作为第一视觉语言所具有的象征性和情感表达的功能。

1. 红色

红色一般被认为是鲜血、火焰、热情和挑衅的颜色，它代表着火热、刺激、喜悦与激情，很容易使人产生兴奋的感觉，体现一种雄壮的精神，是强有力的色彩（图 3-3-25）。

在绘画中，鲜亮的暖红色容易引发力量、亢奋、进取、果决、愉快、喧闹等感受。中等状态的红色如朱红，给人的刺激感很强，具有燃烧的激情。冷红色如玫瑰红，自身带有很大的深度感，特别是有浅蓝相衬的时候，深刻的炎热印象会增加，而积极的因素却会逐渐消失。

2. 黄色

黄色灿烂、辉煌，是大地色，代表着快乐、知性与启迪，也是妒忌、

图 3-3-25　红色
图片来源：http://www.
pinterest.com

耻辱、欺骗、背叛和懦弱的象征（图 3-3-26）。纯正的明黄色在古代中国人眼里是高贵的象征，通常被作为皇族的色彩使用。而在凡·高的绘画里，黄色又代表着癫狂、丧失理智和歇斯底里。"很少有色彩像黄色一样，能给观者留下如此暧昧的感觉，以及如此强烈、撼动内心的意义和相反的意义。欲望与摒弃、梦想与堕落、闪亮与肤浅；时而是黄金，时而代表伤心。它完全反映出荣耀与幻觉、痛苦交错并存的象征意义。它谜一般地似乎永恒存在着两极对比。"

3. 蓝色

蓝色，平静、理智、纯净，是永恒的象征（图 3-3-27）。它是天空的颜色，

图 3-3-26　黄色
图片来源：http：// www.pinterest.com

图 3-3-27　蓝色
图片来源：http://www.baidu.com

开阔辽远，使人联想到无垠的宇宙和流动的大气。蓝色与黄色不同，具有深度感，极富表现力，内在感情丰富。色调越深的蓝色就能越强地唤起人们向往永恒、纯净的心情，甚至为超越艺术的东西而产生忧虑。蓝色和黄色一样具有暧昧性和神秘性，蓝色代表纯净与永恒，也代表抑郁、空想和悲伤。

4. 绿色

绿色是春天、希望与愉悦的象征，它代表着平衡、宁静与和谐（图 3-3-28）。在西方文化中，绿色代表新生，并与洗礼和圣餐礼有关；在中国，绿色是五行中木的象征，是植物的颜色与春天的象征，有生命的含义。在当代社会，绿色还有节能、环保的意思。绿色宽容、大度，易于接受其他颜色的融入：黄绿色青翠欲滴；蓝绿色青葱、豁达。明快或者晦暗的绿色具有沉默与宁静的特点，明色调时冷漠，而暗色调时则深沉、宁静。

5. 紫色

紫色颜色较深，反射的光线

图 3-3-28　绿色
图片来源：http://www.
pinterest.com

也较少，在明度中几乎接近黑色（图3-3-29）。紫色和黄色是一对补色，两者对比强烈，有阴影和阳光的效果。康定斯基在《艺术中的精神》中写道："紫色就是凝冷下来的红色，无论是物理还是心理意义。"与紫色容易给人权威和权力的联想不同，蓝紫色给人的感觉清淡而柔和，带有悲伤、易碎的感觉，是一种脆弱的甜美梦境。

6．黑色

黑色在色彩配置中的调和能力较强，因为黑色属于消极性质的色彩（图3-3-30）。"从表面上看，黑色是最无声的色彩。在这种色调中，任何其他色彩，即使是发声最小的，发出声来也就显得很强很刺耳。"康丁斯基认为，黑色意味着空无，像太阳的毁灭，像永恒的沉默，没有未来、失去希望。黑色在认知上象征着死亡和负面情绪，同时也具有肃穆、庄严、超凡脱俗、性感的心理感受。

7．白色

白色与黑色相对，有洁净、清爽、稚拙淳朴、虚无的视觉感受（图3-3-31）。白色代表着纤尘不染与纯洁，有时给人无尽的希望与可能，但有时也给人恐惧和悲哀的感受。白色的沉默不是死亡，而是无尽的可能性。

8．灰色

灰色介于黑白之间，也属无彩色，是调和能力很强的色彩（图3-3-32）。灰色是共性的，和其他任何颜色都可以搭配到一起。灰色给人的感觉是平和、中庸、若有似无的感觉。

9．金属色

金属色最常见的有金色和银色，给人华丽、富贵、科技的视觉效果（图3-3-33）。

习作8　色彩形象表现

作业内容：运用色彩的生理、心理作用规律，制作色彩形象表现。

作业形式：A3白卡纸手绘。

作业要求：1．绘制的图片尺寸为130mm×130mm。

2．图片共4张，分别表现同一主题下的四种不同状态，如春夏秋冬、阴晴雨雪、喜怒哀乐等。

3．构图与颜色自选。

图3-3-29　紫色
图片来源：http://www.pinterest.com

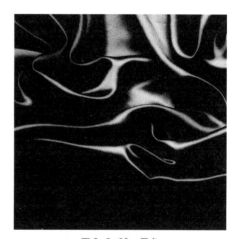

图3-3-30　黑色
图片来源：http://www.baidu.com

图3-3-31　白色
图片来源：http://www.pinterest.com

图 3-3-32　灰色

图片来源：http://www.pinterest.com

图 3-3-33　金属色

图片来源：http://www.pinterest.com

4．共计 1 周时间完成。

评分标准：1．水粉色彩调色准确，色彩情感传递准确，整体视觉效果佳。

2．构图有创意，具有艺术美感。

3.4　色彩的表现

3.4.1　色彩采集

色彩采集是寻找源泉，寻求美妙的色彩搭配，从而激发我们创意的灵感。

1．从自然中汲取

大自然的色彩丰富多彩、幻变无穷，向人们展示着迷人的景色。如蔚蓝的海洋、金色的沙漠、苍翠的山峦、灿烂的星光，有春、夏、秋、冬，有晨、午、暮、夜的色彩，还有植物色彩、矿物色彩、动物色彩、人物色彩等（图 3-4-1 ～ 图 3-4-3）。这些美丽的景色能引起人们美好的情感。对各种自然色彩进行提炼、归纳、分析，有助于从取之不尽、用之不竭的大自然中捕捉艺术灵感，吸收艺术营养，开拓新的色彩思路。

2．从传统色彩继承发展

所谓传统色，是指一个民族世代相

图 3-4-1　大自然的色彩 1

图片来源：http://www.pinterest.com

图 3-4-2 大自然的色彩 2

图片来源：http://www.pinterest.com

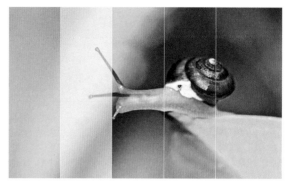

图 3-4-3 大自然的色彩 3

图片来源：http://www.pinterest.com

传的，在各类艺术中具有代表性的色彩特征。不论是建筑、服装、绘画、戏曲等，都具有丰富的色彩搭配，传递着民族气质（图 3-4-4 ~ 图 3-4-7）。

图 3-4-4 传统色彩 1

图片来源：http://www.baidu.com

图 3-4-5 传统色彩 2

图片来源：http://www.baidu.com

图 3-4-6　传统色彩 3
图 3-4-7　传统色彩 4
图片来源：http://www.
baidu.com

3. 从民间色彩中挖掘

民间色是指民间艺术作品中呈现的色彩和色彩感觉。民间艺术品包括剪纸、皮影、年画、布玩具、刺绣等流传于民间的作品（图 3-4-8 ～图 3-4-11）。在这些无拘无束的自由创作中，寄托着真挚淳朴的感情，流露着浓浓的乡土气息与人情味，既原始又现代，饱含着地域风情。

图 3-4-8　民间色彩 1
图 3-4-9　民间色彩 2
图片来源：http://www.
baidu.com

图 3-4-10　民间色彩 3
图 3-4-11　民间色彩 4
图片来源：http://www.
baidu.com

4．从相关色彩艺术中吸收

从国内外优秀的摄影作品、艺术作品、绘画作品、设计作品等中，汲取灵感，提取色彩并进行分析解构，有助于了解作品中的色彩艺术（图3－4－12、图3－4－13）。

3.4.2　色彩重构

色彩重构是将采集的色彩再利用、再创造，对原有的色彩重新进行安排与设计，创作出新的色彩构成（图3－4－14、图3－4－15）。

1．将整体色按照比例重构

将色彩对象较完整地采集下来，"抽象"出几种典型的、有代表性的色彩，

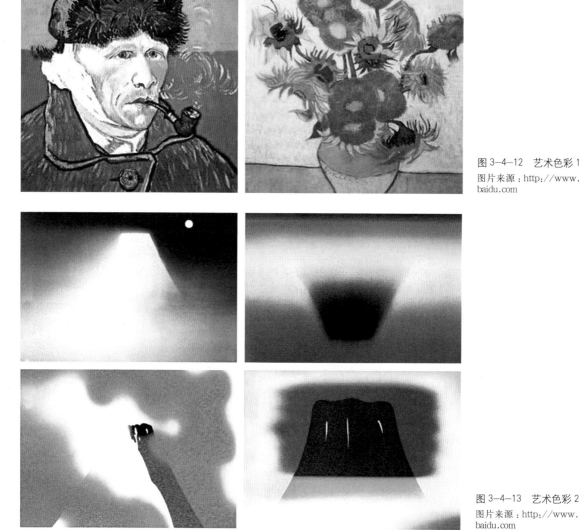

图3－4－12　艺术色彩1
图片来源：http://www.
baidu.com

图3－4－13　艺术色彩2
图片来源：http://www.
baidu.com

图 3-4-14　色彩重构 1
图片来源：www.baidu.com

图 3-4-15　色彩重构 2
图片来源：www.baidu.com

按原色彩关系和面积比例作出相应的色标，整体运用到作品中。由于与原物像
的色彩构成保持统一的色相与面积比例，因此能够将色彩感受还原。

　　2. 整体色不按比例重构

　　将抽象出的集中主要色彩等比例地做出色标，根据画面需要有选择地运
用。由于不受原色面积和比例的限制，色彩运用灵活，有进行多种色调变化的
可能，重构的效果仍能大致保留原物象的色彩感受。

　　3. 部分色彩重构

　　从抽象后的色彩中任意选择所需的色彩进行重构，可以是一组色，也可
以是单色。这种方法使色彩运用更加自由、生动，不受原配色关系的约束。

习作 9　色彩采集与重构练习

作业内容：分色系搜集图片，并作色彩采集。

作业形式：图纸，A3 白卡纸，剪贴加手绘。

作业要求：1. 搜集的图片尺寸 100mm×100mm。

　　　　　2. 图片共 6 张，暖色调、冷色调和中间色调各 2 张。

　　　　　3. 图片剪贴至白卡纸上，亦可手绘临摹，图片下方采集色彩，并
　　　　　　 按色彩比例表示。

　　　　　4. 共计 1 周时间完成。

评分标准：1. 图片选择符合作业要求，题材不限。

　　　　　2. 图片裁切及粘贴布局协调，整体视觉效果佳。

　　　　　3. 水粉色彩采集调色准确，色彩比例符合原图。

4

色彩、光与材料

4.1 光与色彩

4.1.1 色彩的物理性质

光在物理学上是一种客观存在的物质，它属于电磁波的一部分。在整个电磁波范围内，并不是所有的光都有色彩感觉。因为只有 380 ～ 780 nm 波长的电磁波能够引起人的视觉，这段波长的光在物理学上叫作可见光谱或光谱色。其余波长大于 780nm 的电磁波和小于 380 nm 的电磁波都是人眼所看不见的，通称为不可见光（图 4-1-1）。

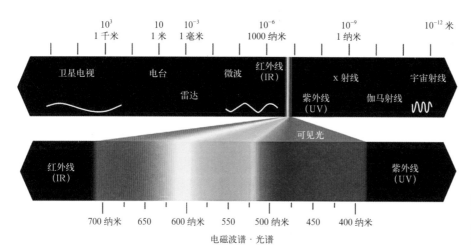

电磁波谱·光谱

图 4-1-1 电磁波与可见光
图片来源：http://www.baidu.com

英国物理学家牛顿做了一个著名的实验。他把太阳白光引进暗室，通过三棱镜再把光投射到白色屏幕上，结果光线被戏剧性地分解成红、橙、黄、绿、青、蓝、紫色彩带。这 7 种色光再通过三棱镜就不再分解了，但是 7 种色光重新混合，又还原产生白光。牛顿据此推论，太阳白光是由这 7 种颜色的光混合而成的复合光（图 4-1-2）。

光从角膜进入眼球，经过晶状体的折射，投射到视网膜上（图 4-1-3）。眼睛分辨颜色主要依赖视网膜上的锥细胞。锥细胞除感强光外，还有色觉及形觉的功能。视网膜黄斑部及其中心凹的色觉敏感度最高，越向周边部，色觉敏感度越低，这与锥细胞在视网膜上的分布是一致的。正常色觉者，锥细胞外节含有三种不同感光色素（红、绿、蓝），各吸收一定的波长光线而产生色觉。感红色素对 570nm 的红光，感绿色素对 535nm 的绿光，感蓝色素对 445nm 的蓝光；对其他波长光线也可重叠吸收，因此，人的眼睛就能辨出各种不同的色彩。光是色彩感知的先决条件，没有光，人就无法感知色彩。

4.1.2 固有色、光源色与环境色

1. 固有色

固有色是指物体本身存在的颜色，也称物体色（图 4-1-4）。物体色通常是指在白光照射下物体所呈现的颜色。

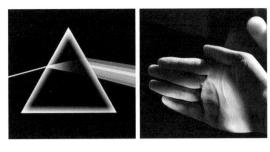

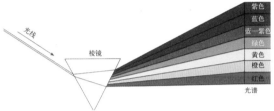

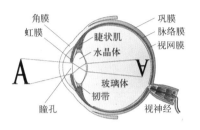

图 4-1-2　三棱镜实验
图片来源：http://www.baidu.com

图 4-1-3　人眼成像原理
图片来源：http://www.baidu.com

　　光线照射到物体上以后，会产生吸收、反射、透射等现象，而且各种物体都具有选择性地吸收、反射、透射色光的特性。当白光照射到物体上时，它的一部分被物体表面反射，另一部分被物体吸收，剩下的穿过物体透射出来。

　　对于不透明物体，即不透光的物体，它们的颜色取决于对波长不同的各种色光的反射和吸收情况。如果物体几乎能反射阳光中所有的色光，那么这个物体看上去是白色的；反之，如果物体几乎能吸收阳光中所有的色光，那么，这个物体是黑色的。如果物体只反射波长为700 nm 左右的光，而吸收其他各种波长的光，那么，这个物体看上去是红色的。可见，不透明物体的颜色是由它所反射的色光决定的。

　　对于透明物体，即透光的物体，它们的颜色取决于透过透明物体的光所呈现的颜色，可称之为透明色。

图 4-1-4　固有色
图片来源：http://www.pinterest.com

2．光源色

凡是会自行发光的物体称为光源，由自行发光的物体所产生的色光称光源色（图4—1—5）。不同颜色的光源会发出不同的光色彩，它们照射在物体的受光面，使物体的色相产生变化。由于光的照射会引起物体固有色的变化，并直接影响物体的色彩变化，甚至改变物体的固有色，因此，不同光源下事物所呈现出的色彩也就不会相同。如白纸能反射各种光线，在白光照射下的白纸呈白色，在红光照射下的白纸呈红色，在绿光照射下白纸呈绿色。

3．环境色

环境色又称为条件色。是指某一事物受到反射光作用，致使其固有色的色彩关系发生变化。这种色光虽然一般比较微弱，但是它不同程度地影响周围物体的色彩（图4—1—6）。物体受环境色影响，一般来说，在背光部分以及两种不同物体相接近或相接触部分较为明显。环境色的反光量与环境物体的材质肌理有关，表面光滑明亮的玻璃器皿、瓷器、金属器之类，反光量大，对其周围的物体色彩影响也比较大；表面粗糙的物体反光量小，对周围环境的色彩影响就比较小。

图4—1—5　固有色在不同光源下
　　　　　的色彩变化
图片来源：立邦官网

图4—1—6　环境色
图片来源：http://www.pinterest.com

固有色、光源色、环境色是组成物体视觉色彩最基本的要素，三者对物象色彩的影响程度，也是因条件的变化而变化的。一般情况下，物体亮部受光源色影响改变其固有色，暗部受环境色影响显现暗部反光，物体中间部分则直接呈现物体的固有色。

4.1.3 照明与色彩

在物理学上，称光源对物体色的显色产生影响的性质叫作演色性，而受到光源照射以后的物体色的显色物为演色，简而言之，演色为灯光下物体的色彩变化。

在日常生活中，太阳光是最重要的自然光源（图4-1-7）。随着科技的发展，人造光源不断丰富，人们的生活再也不愁昼夜之分，同时也带来了各种光源下人们认识色彩和辨别色彩的演色性问题（图4-1-8）。在现代社会中，人们有相当大部分时间在人工光源下生活、工作、劳动，为了防止由于光源色影响而产生物体色彩的失真，以至产生影响工作效率和安全生产的问题，在灯光照明设计时就必须研究不同光源照明的演色性差别。同时，研究光源演色性的另一个重要目的是如何利用不同光源的演色性创造新的色彩艺术气氛。

图 4-1-7　自然光源
图片来源：http://www.pinterest.com

图 4-1-8　人造光源
图片来源：http://www.pinterest.com

人们习惯于自然光，所以在日常生活中，照明光源的颜色与自然光越接近越好。但是，在许多场合，为达到某种特定的气氛和效果，则需要配合建筑空间的色彩设计，使用色调适宜的光源。因此，了解各类人造光源的特点是很有必要的。

1. 自然光的演色性

通常我们认为太阳光是无色的，但随着一日之内太阳高度角的变化，太阳光色也发生着改变：在直射太阳光中，青紫的部分占优势，受光物被覆上一层占紫色味的白光；而上午或下午，特别是在早晨与傍晚，受光物被覆上橙黄色味的白光（图4-1-9～图4-1-12）。

2. 白炽灯的演色性

白炽灯是常用的人工照明光源之一（图4-1-13、图4-1-14）。因为白炽灯的光线带黄而偏暖，故在这种灯光的照射下，各种物体色都会产生相应的变化，见表4-1-1。

图 4-1-9 自然光的
演色性 1
图 4-1-10 自然光的
演色性 2
图片来源：http://www.
pinterest.com

图 4-1-11 日落时物
体的色彩变化 1
图 4-1-12 日落时物
体的色彩变化 2
图片来源：http://www.
pinterest.com

图 4-1-13 白炽灯的
演色性
图片来源：立邦官网

图 4-1-14 白炽灯在
色彩环境下的不同气氛
图片来源：http://www.
baidu.com

白炽灯的演色性	表4-1-1
物体色	色彩变化
红色	偏黄光的红色
橙色	带灿光的橙色
黄色	光亮的赤味黄色
绿色	暗浊的黄绿色
青色	带灰青的暗色
紫色	变成暗紫色

3. 彩色光源的演色性

在现代商业广告设计、视觉传达设计、娱乐场所以及舞台灯光设计方面，彩色灯光照明应用十分广泛，光彩夺目的霓虹灯广告为都市增加了商业繁荣气氛，绚丽多彩的彩色灯光为节日增添了喜庆和欢乐，色彩变幻的多彩照明将迪斯科舞厅的声、光、色节奏渲染得更加热烈欢快(图4-1-15)。彩色灯光演色性的规律见表4-1-2。

图 4-1-15　彩色光源的演色性
图片来源：立邦官网

彩色光源的演色性		表4-1-2
物体色	光源色	色彩变化
红	黄光	鲜红稍带橙色
	绿光	黑褐色(茶绿、墨绿)
	蓝光	暗紫色
	紫光	紫红光
橙	红光	红橙色
	黄光	橙黄色
	绿光	淡褐色
	蓝光	淡褐色
	紫光	棕色
黄	红光	红色
	绿光	明亮的黄绿色
	蓝光	绿黄色
	紫光	带绯红色
绿	红光	暗灰
	黄光	鲜绿（黄色）
	蓝光	淡橄榄色
	紫光	暗绿褐色

物体色	光源色	色彩变化
蓝	红光	暗蓝色
	黄光	绿青色
	蓝光	暗绿色
	紫光	暗蓝色
紫	红光	红棕色
	黄光	红褐色
	蓝光	带褐色
	紫光	暗紫蓝色

4.2 材料与色彩

4.2.1 色彩在材料上的体现

1. 材料的结构、质感与色彩的关系

人对材料的感觉包括视觉、触觉和听觉这几方面，视觉占主导地位，而美感往往来自视觉的刺激。材料的结构与质感对色彩的呈现有着微妙的影响，色彩也影响着材料传达的美感。在探讨材料的可开发性和造型的可能性时，应注重材料的色彩体验。常见材料可分为以下两类：

（1）自然材料

生活中，常见的材料如木材、石材、植物、沙砾等这些自然界直接形成的材料我们称之为自然材料。自然材料天然、原始、质朴，有较强的亲和力。

木材有美丽的纹理，易加工，切削性能良好，胶合着色、涂饰性能好，有一定的强度和韧性，给人亲切、温和、自然古朴之美。木材本身的色彩呈现一种温暖宜人的观感,亦可通过涂料等方式赋予其丰富的色彩表情（图4-2-1、图4-2-2）。

竹材质量轻，既有硬性，也有柔性，且有强度高、外表美观、价廉等特点，给人以回归自然、轻便之感。

图4-2-1 木材与色彩1
图4-2-2 木材与色彩2
图片来源：http://www.baidu.com

（2）人工材料

人类通过加工手段生成的材料，如纸、钢铁、塑料等，称为人工材料。

纸：光滑、质轻、易加工，有适度的透光性、吸油性，价格便宜，给人以轻薄、柔弱之感，方便加工。在色彩的表现上，纸可以通过染色的方式着色，并通过表面的粗糙或光滑、厚重或透明来影响色彩的呈现（图4-2-3、图4-2-4）。

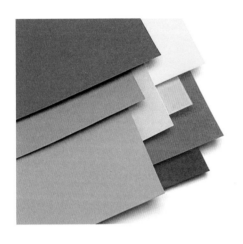

图 4-2-3　纸与色彩 1
图 4-2-4　纸与色彩 2
图片来源：http://www.baidu.com

金属：有光泽、磁性、韧性以及较强的视觉感，质地坚硬，给人冰冷、生硬、远离之感（图4-2-5）。有哑光与亮光两种光感，哑光朴素大方，显得坚实有力；亮光有光泽，能反射周围的环境，有华丽高贵的气质。可通过铸模压花等方式制造纹样与肌理，有弹性，可作任何造型变化，亦可刷上任意色彩来改变它的视觉属性，如采用暖色涂料可令金属显得更有亲和力等。

图 4-2-5　金属与色彩
图片来源：http://www.baidu.com

塑料：质轻，具有电绝缘性、耐蚀性、耐药品性等特点，给人以轻巧、透明、装饰之感。表面光滑平整，色彩丰富，有较强的现代感（图4-2-6～图4-2-8）。

玻璃：清澈透明，质感脆硬，有种高雅的气质，给人以轻盈、透明、脆弱之感。彩色玻璃具有强烈的装饰感，可改变室内的光色，营造戏剧化氛围（图4-2-9、图4-2-10）。

石膏：白色粉末状，易加工，加水溶解后可凝固成形，可塑造性强、物美价廉。体现坚硬、细腻之感（图4-2-11、图4-2-12）。

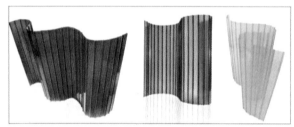 

图4-2-6 塑料与色彩1
图4-2-7 塑料与色彩2
图4-2-8 塑料与色彩3
图片来源：http://www.baidu.com

图4-2-9 玻璃与色彩1
图4-2-10 玻璃与色彩2
图片来源：http://www.baidu.com

图 4-2-11　石膏与色彩 1

图 4-2-12　石膏与色彩 2

图片来源：http://www.baidu.com

图 4-2-13　陶泥与色彩 1

图 4-2-14　陶泥与色彩 2

图片来源：http://www.baidu.com

陶泥：易成形，定型可塑性强，可以随意手捏、切割并重复使用，并可通过上色、上釉等方式，为其赋予美丽丰富的色彩（图 4-2-13、图 4-2-14）。

2. 材料、工艺与色彩

（1）木材

木材一般有锯割、雕刻、刨削、弯曲、连接等加工方法。在加工之后，需要在木器上刷清漆或彩色漆（图 4-2-15、图 4-2-16）。木器漆是指用于木制品上的一类树脂漆，有聚酯、聚氨酯漆等，可分为水性和油性。按光泽可分为高光、半哑光、哑光。按用途可分为家具漆、地板漆等。木器漆使得木质家具表面更加光滑，避免木质材质直接被硬物刮伤、划痕，有效地防止水分渗入到木材内部造成腐烂，有效防止阳光直晒木质家具造成干裂等。

1）清漆施工工艺如下：

首先清理木制产品的表面，用磨砂纸给木制产品打光后上润泊粉。然后，使用打磨砂纸打磨后满刮第一遍腻子，用砂纸磨光再满刮第二遍腻子。在用细砂纸磨光然后涂刷油色之后，可以刷第一遍清漆，拼找颜色，复补腻子，然后

图 4-2-15 木材与色
彩 1
图片来源：立邦官网

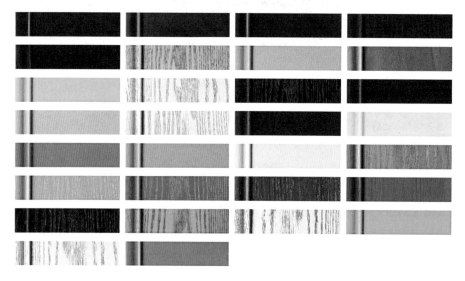

图 4-2-16 木材与色
彩 2
图片来源：立邦官网

在用细砂纸磨光后刷第二遍清漆，再用细砂纸磨光刷第三遍清漆，磨光之后用
水砂纸打磨退光，打蜡，擦亮。

2）混色油漆施工工艺如下：

首先要将基层表面上的灰尘清扫干净，对基层进行修补；然后用磨砂纸
将基层打平，再给节疤处打漆片。之后进行刮腻子及涂刷工作，第一遍满刮腻
子、磨光后，可涂刷底层涂料，待底层涂料干硬后涂刷面漆；之后就可以进行
腻子修补、磨光，擦净后可涂刷第二遍涂料及面漆，磨光后上第三遍面漆，再
进行抛光打蜡，便完成了。

（2）金属

金属加工一般有锻造、捶打、铸造、切削研磨、金属表面处理等方法。
金属材料暴露在大气中会生锈，必须涂以防腐蚀涂料如防锈漆、沥青漆等加以
保护（图 4-2-17 ～图 4-2-19）。步骤如下：

1）底层处理

对金属进行表面处理，无尘、无油、干燥、无锈、无氧化皮，如果打磨
下来点粗糙度附着力更好。金属底层除锈一般采用手工方法，亦可采用机械喷

图 4-2-17　金属与色彩 1

图 4-2-18　金属与色彩 2

图片来源：立邦官网

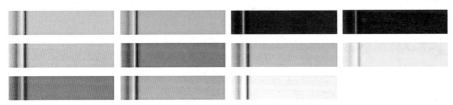

图 4-2-19　金属与色彩 3

图片来源：立邦官网

砂除锈。

2）刷防锈漆

刷防锈漆时金属表面必须非常干燥，如有水汽凝聚必须擦干后再涂刷。防锈漆一定要刷满刷匀。

3）刷磷化底漆

为使金属面的油漆能有较好的附着力，延长油漆的使用期和避免金属生锈腐蚀，在防锈漆上再涂一层磷化底漆。涂刷时以薄为宜，磷化底漆涂刷两小时后，就可以涂刷其他底漆和面漆。

4）刷铅油

刷铅油的方法与要求和刷防锈漆相同。

5）刷调和漆

将金属构件表面打磨平整、清扫干净后刷面漆，静置 24 小时后即可。

（3）砖墙

可通过刷漆的方式，为砖墙赋予不同的色彩与肌理，创造多样化的空间体验（图 4-2-20 ～图 4-2-23）。涂刷工艺如下：

1）处理墙面基层

在刷漆前，基层需要平整干净。若是毛坯房，由于多数墙面并不平整，所以还需要进行找平和清洁工序；若是二手房，在墙面刷漆之前需要铲除旧漆，如果是五年以上的老房子，还要铲除腻子。

2）涂刷界面剂

处理完墙面基层，接下来就可以选择刷界面剂了。界面剂能够增强对基

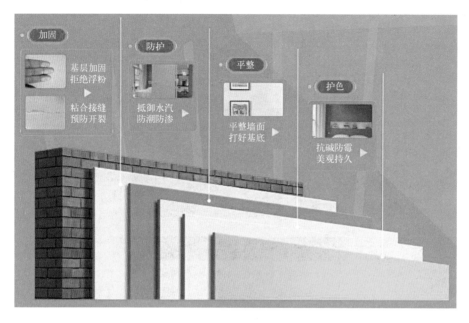

图 4-2-20　墙体刷新
工艺 1
图片来源：立邦官网

用途	墙面加固	防水处理	接缝抗裂	底层找平 + 挂网防裂	面层收光	底漆面漆，完美搭配		
解决方案								
产品	墙面加固剂	防水浆料	嵌缝膏 + 接缝纸带	底层腻子 + 抗裂网格布	面层腻子	底漆	面漆

图 4-2-21　墙体刷新
工艺 2
图片来源：立邦官网

层的粘结力，因此在刷界面剂时，要刷得相当均匀。

3）防水处理

这个步骤主要是针对厨房和卫生间这些容易潮湿的房间，防水涂料可在墙面形成保护层，防止渗水和霉变。

4）批刮腻子

均匀地刮上一层腻子，令其充分和墙面粘结。待腻子干透后，用砂纸进行打磨处理。

5）刷底漆

均匀地刷上一层底漆，待底漆干透后，用砂纸打磨平滑。

6）涂刷面漆

均匀涂刷两遍面漆，静置待干即可。

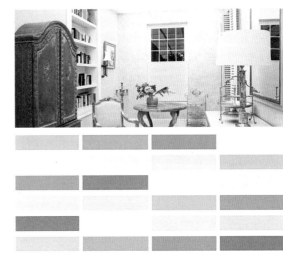

图 4-2-22　砖墙与色彩 1
图片来源：立邦官网

图 4-2-23　砖墙与色彩 2
图片来源：立邦官网

4.2.2　材料的视觉感受

1. 从材料的形态方面看

点状材料具有活泼、跳跃的感觉。线形材料具有长度和方向，在空间能产生轻盈的运动感。由线和线之间的空隙所产生的空间虚实对比关系，可以造成空间的节奏感和流动感，因此，给人以轻快、通透、紧张的感觉。面材的表面具有扩展感、充实感，侧面有轻快感和空间感。块材是具有长宽高三维空间的实体，它具有连续的表面，能表现出较强烈的体量感，给人以厚重、稳定的感觉。同一材料的不同形态的表现会产生风格迥异的效果。线材表现轻巧空灵、块材表现厚重有力。

点、线、面、体之间的关系是相对的、可以相互转化的。比如点朝一个方向的延续排列便形成线，线平行排列可形成面，面超过一定厚度又形成块，块材向一定方向延续又变成线材。材料形态变化的尺度、动态的韵律，都是影响视觉感受的非常重要的因素。

2. 从材料的质地、肌理方面看

材料是设计的物质基础，艺术设计的造型要依赖于物质材料来表现，物质材料的性能直接限制了艺术设计的形态塑造，同时，物质材料的视觉功能和触觉功能是艺术表达中重要的组成部分，它赋予了材料肌理不同的心理效应。

材料在视觉上具有光滑与粗糙、轻与重、冷与暖、透明与不透明等客观属性，相应的可以传达出精致与粗犷、灵巧与稳重、理性与感性、梦幻与现实等表情；在触觉上的光滑与粗糙、坚硬与柔软、干与湿等客观属性，相应地传达出流畅与生硬、力量与温情、直接与曲折等表情。同时，由于材料是立体的，能从各个不同角度观察，其特性会展现得更加全面与强烈。

物体表面的质感纹理称为肌理（图4-2-24）。不同的肌理由于材料的组织结构不同，吸收和反射光的能力也各不相同。表面越光滑的物体，反射率也就越高，但减弱了它自身色彩，如金属、玻璃、镜子等，光滑细腻的物体显得轻盈崭新。质感粗糙的肌理由于表面凹凸不平，反射不平均，显现的色彩比原有的色彩明度低，显得沉重、陈旧，有未加工的原始感。另外，粗糙的肌理对外光的吸收能力差，更易显现出它的本来面貌，也会使我们感到它们色彩偏重，如地毯、毛衣等。所以，相同的颜色在不同的肌理上显现的色彩效果各不相同。

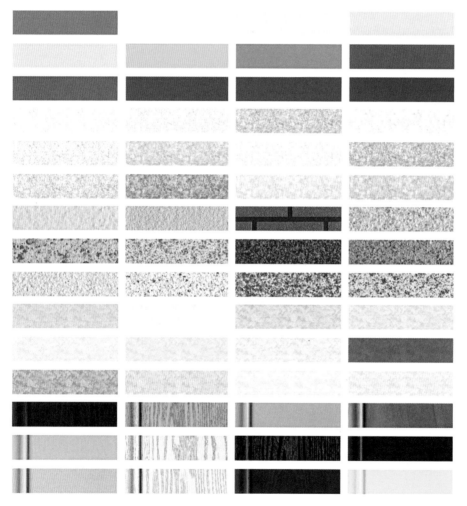

图4-2-24　色彩与肌理
图片来源：立邦官网

不同的材料会产生不同的视觉效果和心理感受。即使同一形态，采用不同的材料也会产生不同的效果和感受。同是面材，金属板使人感觉冰冷、坚硬，玻璃板使人觉得透明、易脆，木板让人感到温暖、舒适，塑料板让人感到柔韧、时髦。表面光洁而细腻的肌理让人觉得华丽、薄脆，表面平滑而无光的肌理给人以含蓄、安宁的感觉，表面粗糙而有光的肌理让人感觉既沉重又生动，表面粗糙而无光的肌理给人感觉朴实、厚重。

色彩与物体的材料性质、形象表面纹理关系密切，影响色彩感觉的是其表层触觉质感及视觉感受（图4-2-25～图4-2-30）。

（1）对比双方的色彩，如采用不同肌理的材料，则对比效果更具趣味性。

（2）同类色或同种色相配，可选用异质的肌理材料变化来弥补单调感。如将同样的红玫瑰花印制在薄尼龙纱窗及粗厚的沙发织物上，它们所组成的装饰效果，既成系列配套，又具材质变化的色彩魅力。

（3）绘画及色彩表现中，应用各种色料及绘具可产生不同的肌理效果，如水彩、水粉、油画、丙烯等各色颜料及蜡笔、马克笔、钢笔、毛笔等各类画笔。

（4）同样的颜料采用不同的手法创造出许多美妙的肌理效果，以强化色彩的趣味性、情调性美感。如拓、皴、化、防、拔、撒、涂、染、勾、喷、扎、淌、刷、括、点等上色手法。

物质材料不仅决定了艺术设计的形态、色彩、肌理等心理效应还直接影响着设计作品的物理强度、加工工艺和加工方法等物理效能。不同材料的物理特性，软与硬，干与湿，疏与密，以及透明与否，传热与否，有弹性与否等，都会直接影响和限制设计作品的制作和加工，从而间接限制了设计作品的视觉感受。

图4-2-25 色彩与肌理1
图片来源：http://www.baidu.com

图4-2-26 色彩与肌理2
图片来源：http://www.baidu.com

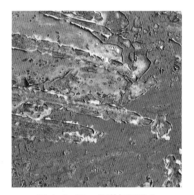

图4-2-27 色彩与肌理3
图片来源：http://www.baidu.com

图4-2-28 色彩与肌理4
图片来源：http://www.baidu.com

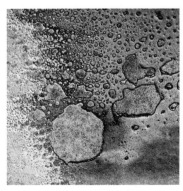

图4-2-29 色彩与肌理5
图片来源：http://www.baidu.com

图4-2-30 色彩与肌理6
图片来源：http://www.baidu.com

在设计过程中，设计师需要充分了解各种材料的属性，并进行灵活运用，通过丰富的肌理搭配为作品塑造相应的性格与气质，如光滑的肌理传递出细腻温和的感受，粗糙的肌理则体现了野性与粗犷，整齐的肌理体现了理性美，而不规则的肌理则传达了自由浪漫的气质（图 4-2-31～图 4-2-36）。

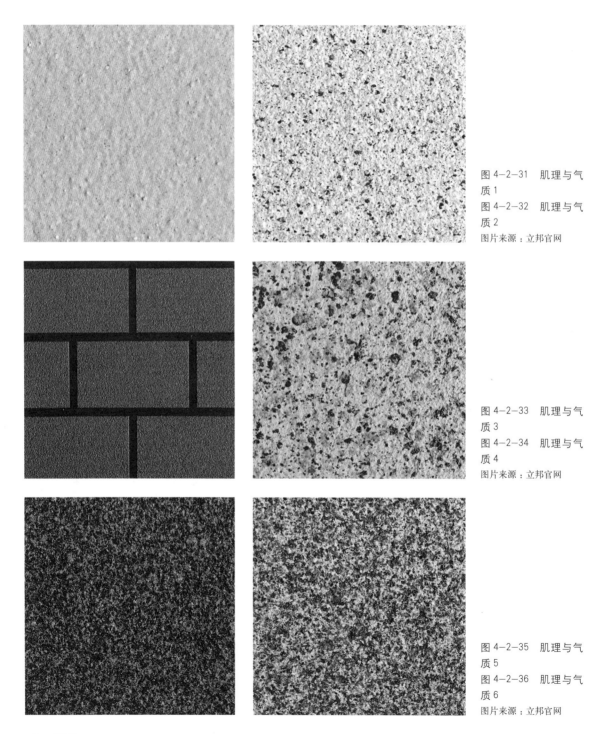

图 4-2-31　肌理与气质 1
图 4-2-32　肌理与气质 2
图片来源：立邦官网

图 4-2-33　肌理与气质 3
图 4-2-34　肌理与气质 4
图片来源：立邦官网

图 4-2-35　肌理与气质 5
图 4-2-36　肌理与气质 6
图片来源：立邦官网

实践篇

建筑空间色彩设计与实践

5

室内空间色彩设计与实践

5.1 室内色彩设计基础

5.1.1 室内配色组成与原则

环境与空间离不开色彩、形体、材质、光影等要素。其中色彩的定位在室内环境空间中起着重要作用。它不同于一般的色彩造型,而是既有审美作用,又有表现和调节室内空间与气氛的作用,还能通过人们的感知印象产生相应的心理影响和生理影响。室内色彩运用得是否恰当,还能左右人们的情绪,并在一定程度上影响人们的行为活动。因此,色彩与空间造型是室内设计不可分割的整体。

室内装修的配色涉及人的生理需求、心理需求及空间形式和功能的需要等领域,室内装修的配色不仅在于色彩的设计与搭配,更要综合材质、肌理、样式等多个方面。

1. 室内配色的作用

(1)明确空间分类,强化功能。

色彩是表现与强化空间特性的重要手段之一,如明亮活泼的色彩常用于儿童活动空间以凸显孩子的朝气与活力(图5-1-1、图5-1-2,儿童卧室与活动空间的色彩)。又如中国人对红色有着特殊的偏好,凡是重大节日和新房的设计都运用到红色,红色具有大吉大利、喜气的意义。

图5-1-1 儿童房活泼色彩1
图片来源:http://www.baidu.com

图5-1-2 儿童房活泼色彩2
图片来源:http://www.baidu.com

(2)明示区域划分,引导方向。

如在庞大的地下车库中用辨识度非常高的色彩来划分区域就容易引导顾客找到自己车辆所在的位置(图5-1-3,地下车库的色彩规划)。又如可以在一个大空间中用色彩来划分与界定不同功能的区域(图5-1-4,大型餐饮空间中用色彩划分不同区域)。

图 5-1-3　地下车库的色彩规划
图片来源：https://www.baidu.com

图 5-1-4　餐饮空间色彩区域划分
图片来源：http://www.baidu.com

（3）调节温度感受。

色彩给人以冷暖的感受，利用色彩的这一特性，我们可以通过色彩设计来调节人的温度感受。如在泳池空间中通过加入暖色来提高游泳者的温度感受（图 5-1-5）。

图 5-1-5　泳池的冷暖色
图片来源：https://www.baidu.com

（4）调节光线感受。

室内色彩可以调节室内光线的强弱。因为各种颜色都有不同的反射率，如白色的反射率在 70% ~ 90% 之间，灰色在 10% ~ 70% 之间，黑色在 10% 以下。根据不同房间的采光要求，可适当地选用反射率低的颜色或反射率较高的颜色来调节进光量。比如采光不佳的房间可采用白色或浅色墙面，提高房间的明亮感（图 5-1-6）。

图 5-1-6 白色使空
间明亮
图片来源：https://www.
baidu.com

(5) 突出个性与情趣。

对于色彩每人都有自己的喜好，色彩也是其性格脾气的体现手段之一，人们在空间中有意或无意地用色彩来显示自己的个性与趣味（图 5-1-7、图 5-1-8）。

图 5-1-7　个性化色
彩 1
图 5-1-8　个性化色
彩 2
图片来源：http://www.
baidu.com

(6) 装饰空间，营造环境氛围。

色彩可以装饰空间、弥补空间的不足。如地下室空间通常昏暗而压抑，可以用鲜亮的色彩及灯光来使其感觉敞亮而愉悦（图 5-1-9）。利用色彩来营造并强化所需的气氛，如海鲜餐厅中利用色彩来营造海洋的效果（图 5-1-10）。

图 5-1-9　地下空间
的灯光与色彩
图片来源：http://www.
baidu.com

2．室内配色的原则

（1）因人、因事、因时、因地

室内色彩要根据使用者的性格、年龄、性别、文化程度和社会阅历等，设计出各自适合的色彩，才能满足人们视觉和精神上的需求。还要根据各个房间的使用功能进行合理配色，以调整人体心理的平衡。

我们应该根据空间的使用需求，运用不同的色调营造不同的室内气氛，将不同的色彩感觉应用于不同功能的空间。例如，银行、学校等安静的场所宜用冷色调、亮色调，给人以明亮、亲切的感觉；室内餐厅、居住空间等温暖的场所运用暖色调，使人感觉安全温馨。

（2）统一与变化

色彩的统一与变化，是色彩构成的基本原则。室内空间的色彩应有主调，主调能够体现出该空间的气氛、冷暖以及性格等。确定好色彩配置的主基调，再选用合适的副色、强调色和装饰色。

一个室内空间色彩仅有统一而没有变化就会显得单调与沉闷。在确定了空间主调色彩之后，可以在此基础上增加局部的、生动的色彩变化元素。统一与变化做到相互协调、相得益彰，在空间色彩中要本着大统一、小变化的原则。在空间色彩设计中要控制好色彩的面积以及色块间的衔接与呼应。同时也要注意本空间色彩与相邻空间色彩的相互影响，在颜色的种类选择上也要有所节制，当同一空间多种颜色同时出现在装饰中时，色彩间的关系需慎重处理。

（3）均衡与稳定

在室内空间设计中，对于室内结构不对称、不稳定的空间，利用色彩的明暗、纯度、冷暖感可以适当调整人们对空间的视觉感受，从而达到视觉上的均衡与稳定。室内空间配色的均衡感和稳定感，是室内空间达到视觉统一的有效方法。色彩在明度上，明亮色显得轻，深暗色显得重；在纯度上，纯色艳丽夺目而灰色沉稳隐晦；在色相上，则暖色靠前冷色后退。要想获得色彩视觉平衡，在实际空间的色彩设计时要仔细分析室内界面的相互关系，最后还要根据

图 5-1-10　海鲜餐厅的蓝色

图片来源：https://www.baidu.com

用色的面积、用色位置与形状以及使用性质来作综合地变化调整。

（4）根据经济预算、印刷技术进行切实可行的色彩计划

经济预算决定了材料与工艺，决定了色彩的呈现方式。根据实际预算，选择合适的材料，有助于色彩设计最终顺利呈现。

3．室内配色的风格

（1）自然风格

通过发挥土、木、竹、石材、陶、瓷、棉、麻等天然材料及其所具有的自然色彩的作用给人以质朴、惬意的感受。配色一般使用中高明度、中低纯度的色彩，如暖白色、黄绿色、黄褐色、棕色等暖色调（图5-1-11），又如常用粉紫、粉红、浅灰、粉蓝等粉色系的田园风格（图5-1-12）。尽量使用材料的原色并凸显其肌理效果来表现。

（2）古典风格

古典风格一般指文艺复兴、巴洛克、洛可可等欧洲传统风格，给人以奢华、庄重、典雅之感。如使用中低纯度、中低明度的巴洛克风格（图5-1-13），使用中低纯度、中高明度的洛可可风格（图5-1-14）。

图 5-1-11　自然风格
配色 1
图 5-1-12　自然风格
配色 2
图片来源：http://www.
baidu.com

图 5-1-13　古典风格
配色 1
图 5-1-14　古典风格
配色 2
图片来源：http://www.
baidu.com

（3）地方风格

使用代表民族、宗教、文化、地域等特征的色彩的风格。如地中海风格、伊斯兰风格、印度风格、中国风格等（图 5-1-15 ~ 图 5-1-18），其色彩选择多样。

（4）现代风格

一般指当今时尚、潮流、简约的风格，其种类非常多样。通常使用中高纯度的色彩，色彩之间的对比比较强烈（图 5-1-19、图 5-1-20）。

图 5-1-15　地方风格配色 1
图片来源：http://www.baidu.com

图 5-1-16　地方风格配色 2
图片来源：http://www.baidu.com

图 5-1-17　地方风格配色 3
图片来源：http://www.baidu.com

图 5-1-18　地方风格配色 4
图片来源：http://www.baidu.com

图 5-1-19　现代风格配色 1
图片来源：http://www.baidu.com

图 5-1-20　现代风格配色 2
图片来源：http://www.baidu.com

5.1.2 室内配色步骤与要点

1. 室内配色的步骤

(1) 把握空间特性与客户需求

对于居住类空间而言。需要了解家庭的组成与结构、家庭成员的年龄与职业、家庭成员的个性与爱好，尤其是对色彩的喜好、设计风格的倾向等众多信息，全面分析并进一步沟通协商，从而获得对于环境色彩的基本把握。

对于办公、商业、餐饮类空间而言。需要了解项目的基本内容、设计范围、基本功能、产品信息、使用者的情况（目标客户的情况、雇员的情况等）、希望达到的效果等多种信息。

对于工厂、仓库类空间而言。需要了解生产方式、生产过程、产品情况等信息。

对于幼儿园、中小学等教育机构而言。需要了解该教育机构的教育理念、教学形式、教学内容与范围、孩子们对教学空间的理解与期待等信息。

对于美术馆、博物馆、展览馆类展示空间而言。需要了解展品的信息、展示的各类方式、展出的要求等信息。

当然还需要向客户索要必要的原始图纸及相关的资料，上述的资料搜集加上事先的现场勘查及与客户的有效的交流沟通等为准确把握客户的需求打下基础。

(2) 策划空间的形象

根据之前所掌握并确定的客户需求并针对该空间的特征来选定或策划其基本的形象，即给人的大致印象，可以从风格流派等既有形象中选出，也可以从某个画面、某个场景甚至某个意境、某种感觉来拓展延伸（图5-1-21，某香水店的空间形象的表达）。在这个阶段无需确定具体使用哪些色彩，而是在朦胧中梳理脉络使之逐渐清晰。

对于居住空间而言。梳理家庭成员的生活方式，定一个整体格调，再对不同功能与使用者的空间进行感觉上的描述，比如恬静、松软、温暖的卧室，

图5-1-21 香水店色彩策划
图片来源：http://www.baidu.com

光洁、柔和、馨香的厨房等。

对于商业、餐饮空间而言。根据经营的理念、销售的产品与其定价、目标人群的情况（年龄、性别、职业、收入、兴趣等）等来确定其空间的形象。必要时需要使用市场调查的方法。

对于工厂、仓库类空间而言。需要营造一种安全、高效、规律、舒适的形象。

对于办公空间而言。依据不同的功能来设定其形象。

由于空间形象的主观性相当强，认知度因人而异，在设计操作时需要与客户达成共识。如果客户已经给出明确的概念或形象，即可根据具体需求进行深化；若客户需求不明确，则需在前期进行充分沟通，确认方向，避免在后期实施中反复沟通，影响进度。

（3）确定空间的色调

空间的基本形象确定后就需要确定与之适应的整体色调。需要思考：选择冷色调或暖色调？沉稳系或活跃系？古典色调或时尚色调？或从具体实物（水果蔬菜、河流湖泊等自然物或者瓷器、织物等人造物）或色卡中选择某一类色相形成主体色（图5-1-22）。

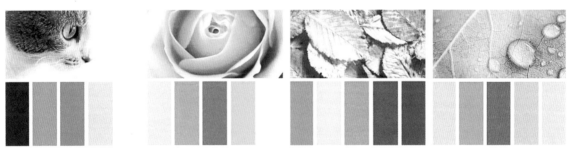

图 5-1-22　空间色调灵感来源
图片来源：http://www.baidu.com

确定好主体色（定主调）后就需选择基础色（定基调）。从已经确定的某类色相中选择具体的某一或某几个色相形成基础色。然后依据基础色选择辅助色与点缀色，辅助色一般为基础色的类似色，点缀色一般为基础色的对比色，但其对比不宜过强，以避免强烈的刺激导致的疲劳与紧张，宜采用弱对比或中对比，以达到调和的效果。图5-1-23从左至右分别是某居住空间墙面、地毯、灯光、家具与瓷砖的色彩示意。

基础色　　　　　　　　　　　辅助色　　　　　　点缀色

图 5-1-23　空间色调配比
图片来源：http://www.baidu.com

在室内空间中，基础色为大面积色，辅助色为中面积色，点缀色为小面积色。基础色一般用在地面、墙面、顶面等整体感觉强烈的地方，用于确定整体基调；辅助色一般用于围（墙）栏、格栅、门窗、大型家具等辅助设施与家

图 5-1-24　色彩配色平衡
图片来源：http://www.baidu.com

具上；点缀色一般用于装饰画、照片、沙发垫、靠枕、观赏动植物、灯具等陈设品上，画龙点睛，引起视觉上的注意，但要注意体量及视觉的平衡关系（图 5-1-24，基础色的灰色，辅助色的熟褐，作为点缀色的绿色毛巾与橙色电热片虽形成一种对比，其体量较小且分散于空间两侧，达到了视觉的平衡）。

（4）制作色彩的图表

将每个空间、每个部位选用的颜色用图表的形式表现，每种色彩还需注明其产品名称与产品标号。这样清晰明了且方便对照实施（表 5-1-1）。

空间配色表　　　　　　　　　　　　表5-1-1

空间部位	顶面	地面	墙面	门	踢脚	窗台	……
客厅							
主卧							
次卧							
餐厅							
厨房							
……							

（5）形成色彩的表现

色彩的配色表现包括多种形式，可以是平、立、剖面图的色彩渲染，可以是效果图，可以是色彩示意展板（图 5-1-25，用真实的商品剪贴样本或者用电脑贴图等）。

2. 室内配色的要点

（1）确认色彩的真实效果

使用的样品或涂刷的样稿尽量选择面积大的，小样的色彩感觉通常较真实的效果深。

在不同的天气下，由于光照强度的差异，色彩在感官上会有较大的差别，尽量在常见的天气里、在天然光线下操作，建议不要在昏暗的环境中操作，如在人工光源下操作则应使用显色性高的光源。

对于表面光泽的部位，由于光照强度、光线入射角度、使用者视角的不同而与真实状态有较大的差异，所以应尽量在光泽最少的情况下进行确认。

图 5-1-25　色彩设计表现

图片来源：http://www.baidu.com

（2）配色面积的对比与调和

在空间的色彩配比中，通常基础色占比高，在 70% ~ 80% 之间，辅助色占比在 20% ~ 30% 之间，点缀色占比在 5% ~ 10% 之间（图 5-1-26）。配色可以遵循以下的规律：大面积色彩度低，小面积色彩度高，高明低彩面积大，低明高彩面积小。当然在营造特殊的环境时也可以使用大面积的纯色及面积相当的强对比（如图 5-1-27 所示，幼儿园中大量的纯色），但总体还是应把握小对比大调和的原则。

图 5-1-26　空间配色比例 1

图 5-1-27　空间配色比例 2

图片来源：http://www.baidu.com

（3）质感的体现

自然界中的色彩都与质感联系在一起，颜色与质感不能也不可以完全割裂，两者相辅相成，故我们在配色设计中选择颜色的时候也要兼顾质感的体现与肌理的表达（图 5-1-28、图 5-1-29）。

（4）冷暖色调的协调

冷色调一般给人清凉、爽快之感，暖色调一般给人温暖、和煦之感。其使用没有严格的界定，居住空间、餐饮空间、展示空间一般多见暖色调，而办公空间、商业空间则多见冷色调。不论是使用冷色调还是暖色调一般都需

图 5-1-28　色彩质感 1
图 5-1-29　色彩质感 2
图片来源：http://www.baidu.com

要掌握一个度，通常都往中间靠，而较少使用极冷或极暖色调，其适用于短时间停留的空间中，长时间在极暖色调或极冷色调的空间中会使人感到不适。

　　冷暖色调也会共存于同一空间。其共存时必须考虑其调和性，适当降低其明度与纯度，且注意面积的占比，加之相互间的渗透，使之达到视觉与体感的平衡（图 5-1-30）。

　　（5）对特殊人群的关注

　　不同人群对色彩有不同的需求，尤其是老人、病人等特殊人群，需要对他们的居室空间进行针对性的

图 5-1-30　色彩冷暖平衡
图片来源：http://www.baidu.com

设计。考虑大多数老年人血压、血脂偏高，心脏功能较弱，宜选用温和的色相，避免对比强烈、明度过高的色彩引起老年人的不适和焦躁。由于老年人视觉性改变，应保证其居室内整体颜色不宜过深，明度高出其他年龄段使用者，推荐暖色系的色彩作为老年空间的主基调，烘托出亲近祥和的意境。并且整个空间配色不宜超过四种颜色，不包括无彩色，以免造成老年人视觉上的琐碎感。

5.1.3　室内色彩涂刷施工步骤与要点

　　确定室内配色方案后，就可以进行涂刷施工了。具体施工步骤可分为前期准备、施工、后期清场三部分，具体如下。

　　1. 前期准备

　　（1）施工进场

　　施工交底：设计人员、施工人员与业主就施工项目进行充分的讲解和沟通，

并指向具体墙面问题，如图 5-1-31 所示。

物料堆放：将全部物料、工具搬运并整洁有序地堆放至指定地点，并与业主进行物料清点，如图 5-1-32 所示。

拍照留底：家具摆放位置，家具和地板是否有破损。

（2）家具搬移

使用家具搬移带、两人抬起平移挪动，向房屋中间归拢，并拆卸窗帘。

（3）遮蔽保护

地面保护：地板保护膜字体、方向一致，平整，四周用寺冈胶带，地板膜连接处用透明胶带，如图 5-1-33 所示。

家具、家电保护：保护膜字体、方向一致，平整，保护膜连接处用透明胶带，如图 5-1-34、图 5-1-35 所示。

门窗保护：门窗用 1000mm 保护膜，门框、窗框用 550mm 保护膜。

开关面板保护：从上至下绕一圈，打结，用美工刀割除多余部分，如图 5-1-36 所示。

灯保护：灯座处绕一圈，打结，用美工刀割除多余部分，如图 5-1-37 所示。

图 5-1-31 施工交底
图片来源：立邦公司提供

图 5-1-32 物料堆放
图片来源：立邦公司提供

图 5-1-33 地面保护
图片来源：立邦公司提供

图 5-1-34 家具保护
图 5-1-35 家电保护
图片来源：立邦公司提供

墙面保护：和纸保护膜 2200mm 整体保护墙面，和纸胶带固定。

踢脚线保护：用踢脚线专用保护膜，紧靠勿起皱，与地面连接部分用透明胶带粘结。

（4）说明粘贴

告客户书、施工进度表等说明张贴：底楼入户门口张贴告客户书，客户大门张贴施工进度表等。

2．施工

（1）旧材铲除

有机器铲墙和人工铲墙两种方法，根据具体需要搭配使用，如图 5-1-38 所示。

（2）基层处理

防霉处理：依次涂刷除霉专家除霉液、封闭液。

防水处理：涂刷防水浆料，如图 5-1-39 所示。

防裂处理：对墙体／石膏板裂缝进行修补。墙体较大裂缝处用嵌缝膏、接缝纸带，石膏板处用二合一腻子膏，如图 5-1-40 所示。

阴阳角处理：阴阳角平直、护角条无翘起脱落。

图 5-1-36 开关面板保护
图片来源：立邦公司提供

图 5-1-37 灯保护
图片来源：立邦公司提供

图 5-1-38 旧材铲除
图片来源：立邦公司提供

图 5-1-39 基层处理 1
图片来源：立邦公司提供

（3）基面找平

粗找平（挂网）：挂网粗找平，防裂网平整、大面积平整，如图 5-1-41 所示。

细找平：二合一腻子膏批刮，如图 5-1-42 所示。

（4）墙面打磨

使用费斯托打磨机打磨墙面、顶面，如图 5-1-43 所示。

（5）底漆施工

涂刷底漆，确保各个界面均匀涂刷，无漏涂，如图 5-1-44 所示。

（6）检查修补

手持太阳灯对墙面照射，对砂痕、缺陷处进行修补，如图 5-1-45 所示。

图 5-1-40　基层处理 2
图片来源：立邦公司提供

图 5-1-41　基面找平 1
图片来源：立邦公司提供

图 5-1-42　基面找平 2
图片来源：立邦公司提供

图 5-1-43　墙面打磨
图片来源：立邦公司提供

图 5-1-44　底漆施工
图片来源：立邦公司提供

图 5-1-45　检查修补
图片来源：立邦公司提供

（7）面漆施工

无色差、无透底、无鼓泡、分色线不大于2mm。面漆施工工艺有刷涂、滚涂、喷涂等，如图5-1-46、图5-1-47所示。

（8）精饰

局部缺陷处修补，如图5-1-48所示。

（9）去除遮蔽

顺序为从内到外、从上至下，注意对新墙面的保护，防止揭掉漆膜。

3．后期清场

（1）打扫清洁

家具归位前对地板清扫擦拭，确保环境整洁，如图5-1-49所示。

（2）家具归位

按原来家具摆放的位置将撤出保护后的家具归位，灯具、窗帘安装回原位。

（3）撤场

清理施工现场的垃圾、工具。

图5-1-46　面漆施工1
图片来源：立邦公司提供

图5-1-47　面漆施工2
图片来源：立邦公司提供

图5-1-48　精饰
图片来源：立邦公司提供

图5-1-49　打扫清洁
图片来源：立邦公司提供

（4）完工验收

带领客户验收完工后的墙面，提醒漆膜保养注意事项，如图 5—1—50～图
5—1—53 所示。

图 5—1—50　施工前
图 5—1—51　施工后
图片来源：立邦公司提供

图 5—1—52　完工验收 1
图 5—1—53　完工验收 2
图片来源：立邦官网

习作 10　如何进行室内配色

作业内容：室内配色练习。

作业形式：模型和图纸，剪贴加手绘。

作业要求：1. 以 20cm×20cm×20cm 的空间为基本型，进行室内配色练习，
　　　　　　　分别体现清新淡雅、现代简约、热烈活泼、古典稳重四种风格。

　　　　　2. 共计 2 周时间完成。

评分标准：1. 模型制作符合作业要求。

2. 图片裁切及粘贴布局协调，整体视觉效果佳。

3. 色彩标注准确，文字书写工整。

5.2 室内色彩设计实践

5.2.1 住宅空间色彩设计

一般居住建筑按其使用功能可分为玄关、客厅、卧室、书房、餐厅、厨房、卫生间、儿童房和老人房等。由于色彩可以使人产生明显的生理与心理感应，对人的生活起居有着直接影响，因此，对于不同功能房间的色彩设计要力求充分体现出房间的相应功能和特点，反映使用者的年龄、兴趣和爱好，同时要注意各居室间的协调统一。

1. 玄关色彩设计

玄关不仅是一个换鞋的场所，而且是家庭风貌的表现。由于玄关的空间一般比较小，而浅色调有助于扩展空间，所以玄关的整体色彩应以清新、淡雅为主，尽量装修得朴素一些。一般认为，玄关所选择的材料和颜色应该稳重，具有暖和感。地板用石材或颜色较深的陶瓷地砖，不仅清扫方便，而且显得清爽凉快（图5-2-1、图5-2-2）。同时，玄关也是体现屋主审美与品位的首要区域，可通过个性化的色彩设计，令其成为空间亮点（图5-2-3）。

图 5-2-1　玄关色彩 1
图 5-2-2　玄关色彩 2
图片来源：http://www.
baidu.com

2. 客厅色彩设计

客厅通常情况下是招待客人和进行聚会的场所，所以在进行客厅色彩搭配时，一定要重视审美情趣的体现，充分将主人的文化素养展现出来。因此，客厅的色彩设计一定要将温暖、亲和、典雅等氛围体现出来。因为客厅的使用空间较大，所以设计要求也相对宽松，可以以暖色调作为基础，进行色彩搭配（图5-2-4）。既可以采用颜色较为相近的色彩进行相互搭配，制造温暖的气氛；也可以选择视觉对比强烈的颜色进行设计，增强重点装饰组件的突出感

图 5-2-3　红绿色复古玄关
图片来源：立邦官网

图 5-2-4　暖色调的客厅色彩
图片来源：立邦官网

（图 5-2-5 ～图 5-2-8）。深色系的颜色可以烘托优雅的气氛，体现高贵的气质（图 5-2-9 ～图 5-2-11）；浅色系可以制造柔美的环境，展现温和的性格（图 5-2-12 ～图 5-2-14）。室内墙面的颜色要参照家具的风格和特点进行设计。

图 5-2-5　客厅色彩 1
图 5-2-6　客厅色彩 2
图片来源：立邦官网

图 5-2-7　客厅色彩 3
图 5-2-8　客厅色彩 4
图片来源：立邦官网

图 5-2-9　深色系客厅 1

图片来源：立邦官网

图 5-2-10　深色系客厅 2

图片来源：立邦官网

图 5-2-11　深色系客厅 3

图片来源：立邦官网

图 5-2-12　浅色系客厅 1

图片来源：立邦官网

图 5-2-13　浅色系客厅 2

图片来源：立邦官网

图 5-2-14　浅色系客厅 3

图片来源：立邦官网

3. 餐厅色彩设计

餐厅也是人们进行家庭聚会的重要场所，通常情况下都会与客厅连接在一起，所以在设计时要注意与客厅的色彩相互协调。餐厅的色彩应温暖、淡雅、舒适，一般采用淡黄和乳白色营造洁净淡雅的气氛，地面铺设易于清洁的材料，餐桌上方可吊挂造型餐灯，光源采用暖色系列（图 5-2-15 ～图 5-2-19）。如果再点缀一些绿色植物，可以令人心情轻松，充满对生活的渴望。

图 5-2-15　餐厅色彩 1

图片来源：立邦官网

图 5-2-16　餐厅色彩 2

图片来源：立邦官网

图 5-2-17　餐厅色彩 3

图片来源：立邦官网

图 5-2-18　餐厅色彩 4
图 5-2-19　餐厅色彩 5
图片来源：立邦官网

4. 卧室色彩设计

　　卧室是家庭成员休息睡眠的场所，因此色彩的选择应是淡雅、宁静、优雅、质朴的色彩环境，这样有利于解除日常生活的压力和疲劳，做到全身心的休息。一般条件下，卧室用色多选用低彩度调和色，中低彩度、中低明度的色系也颇为理想（图 5-2-20 ～图 5-2-22）。不过，在采光较差的卧室中，宜采用中高明度色，以避免太暗而产生的压抑感；在采光好的房间中，不宜采用过分刺激的色彩（图 5-2-23 ～图 5-2-26）。只有这样，才能使整个卧室环境轻松自在，否则会使人心情烦躁不安，影响睡眠和休息。卧室中的家具、窗帘、被套要适当考虑其明度或彩度，达到和谐、温情的效果。卧室中的墙面、家具可选用浅淡色调的固定色，而布饰则可选用不同类型的色彩组合，达到类似协调、对比协调的效果，创造不同格调的环境气氛（图 5-2-27 ～图 5-2-30）。

图 5-2-20　温和的卧室色彩 1
图片来源：立邦官网

图 5-2-21　温和的卧室色彩 2
图片来源：立邦官网

图 5-2-22　温和的卧室色彩 3
图片来源：立邦官网

图 5-2-23　明亮的卧室色彩 1

图 5-2-24　明亮的卧室色彩 2

图片来源：立邦官网

图 5-2-25　明亮的卧室色彩 3

图 5-2-26　明亮的卧室色彩 4

图片来源：立邦官网

图 5-2-27　不同风格的卧室色彩 1

图 5-2-28　不同风格的卧室色彩 2

图片来源：立邦官网

图 5-2-29　不同风格的卧室色彩 3

图 5-2-30　不同风格的卧室色彩 4

图片来源：立邦官网

5．儿童房色彩设计

儿童房通常以儿童卧室为代表，原则上应当依照子女的年龄、性别和性格等个性因素进行环境的规划设计。儿童房的色调有很强的随意性和丰富性，通常情况下采用鲜艳、明亮、活泼的色调，以激发儿童的想象能力。儿童房不宜采用太灰或太暗的色调，并且大多运用色彩对比的效果，选用多彩色组合，因为丰富的色彩可提高儿童智商，使其在潜移默化中发展聪明才智（图5-2-31~图5-2-36）。

图5-2-31　儿童房色彩1

图5-2-32　儿童房色彩2

图片来源：立邦官网

图5-2-33　儿童房色彩3

图5-2-34　儿童房色彩4

图片来源：立邦官网

图5-2-35　儿童房色彩5

图5-2-36　儿童房色彩6

图片来源：立邦官网

6. 老人房色彩设计

老人与儿童相反，他们喜欢稳重沉着。老年房的色彩设计宜用低中、低高度色系，这样比较适合晚年稳定、安逸的生活。因此，老年人居室的色彩应多选用邻近色配色，以营造和谐的气氛，减少感官刺激。色彩的纯度不宜太高，避免与老年人的肤色形成不良的对比。因为老年人的肤色不如年轻人润泽，在大面积、高纯度颜色对比下，肤色会显得更差。所以，老年人居室的色彩应采用暖色调、低纯度，并且可加入小面积的个人嗜好色进行点缀（图5-2-37）。

图5-2-37 老人房色彩
图片来源：立邦官网

7. 书房色彩设计

书房是人们学习和工作的地方，给人们提供灵感，创造思考条件。书房的色彩以简洁、宁静为主调，多以乳白、淡黄为主，以利于创造安静、清爽的学习气氛。书房的色彩不能过重，对比反差也不应太强烈，悬挂的饰物应以风格柔和的字画为主。书房地面宜采用浅黄色地板，墙面、顶棚都宜选用淡蓝色或白色（图5-2-38～图5-2-40）。现代化的书房也可以点缀些热烈的色彩，在书房中应适当地配置花卉，为环境增加一些自然气息，还可以休息眼睛，调节精神（图5-2-41～图5-2-44）。

8. 厨房色彩设计

厨房是重要的生活场所，其色彩设计要创造出明亮清洁的气氛。从厨房的使用功能和面积大小考虑，其色彩基调应以浅色为主；从装修的整体环境来看，简洁、淡雅、明亮应是厨房的环境特色。厨房顶棚、墙面、柜橱的色彩要以高明度增加厨房的欢悦气氛，如采用白色、乳白色，这样也便于清洁卫生。厨房色彩不宜大面积采用暗色，以免影响光照；不宜采用过浅色彩，以免容易

图 5-2-38　宁静的书房色彩 1
图片来源：立邦官网

图 5-2-39　宁静的书房色彩 2
图片来源：立邦官网

图 5-2-40　宁静的书房色彩 3
图片来源：立邦官网

图 5-2-41　书房色彩 1
图 5-2-42　书房色彩 2
图片来源：立邦官网

图 5-2-43　书房色彩 3
图 5-2-44　书房色彩 4
图片来源：立邦官网

成脏；也不宜采用过艳的色彩，过艳的颜色会增加人的动感而引起烦躁。当然，厨房的色彩设计应当尊重主人的兴趣爱好（图 5-2-45 ～图 5-2-48）。

图 5-2-45　厨房色彩 1
图 5-2-46　厨房色彩 2
图片来源：立邦官网

图 5-2-47　厨房色彩 3
图 5-2-48　厨房色彩 4
图片来源：立邦官网

9. 卫生间色彩设计

卫生间具有洗刷、沐浴、厕所等功能。一般家庭的卫生间都不是很大，适宜的色彩能改变人的空间感受，使狭小的卫生间看上去明朗、温暖。卫生间设计以低纯度色彩为宜，要求亮度高、色调明，以创造出清洁、卫生的气氛（图 5-2-49～图 5-2-52）。卫生间宜用淡雅具有洁净感的颜色，除了白色以外，常用的暖色有淡红、橙黄、土黄等；常用的冷色调有淡紫、淡蓝、淡绿等。顶棚、墙面要考虑反射系数高的明色，地面则较多采用彩度低的中性灰色调。从色彩的空间高度分布来说，卫生间色彩设计应当下部重、上部轻，有稳重和大空间感的效果（图 5-2-53、图 5-2-54）。

5.2.2　办公空间色彩设计

办公空间主要是以脑力为主的劳动空间，企业的效益取决于办公人员的执行力和创造力的表现，因此，办公空间设计的色彩运用的首要目的是为办公人员创造高效、愉悦和快乐的办公场所，通过色彩的刺激提高办公人员的创造性和积极性。

图 5-2-49　温暖而洁净的卫生间色彩 1

图片来源：立邦官网

图 5-2-50　温暖而洁净的卫生间色彩 2

图片来源：立邦官网

图 5-2-51　温暖而洁净的卫生间色彩 3

图片来源：立邦官网

图 5-2-52　温暖而洁净的卫生间色彩 4

图片来源：立邦官网

图 5-2-53　沉稳的卫生间色彩 1

图片来源：立邦官网

图 5-2-54　沉稳的卫生间色彩 2

图片来源：立邦官网

不同性质的办公空间应根据不同行业、企业以及公司的文化等来进行色彩搭配，所以办公空间的色彩搭配应遵循以下四点原则：

1. 根据工作性质设计办公空间色彩

在办公空间中使用低纯度的灰色可以获得一种柔和、安静、舒适的空间氛围，使人保持清醒的头脑专心致志地投入工作，适合用在需要保持清醒、理性的办公空间；使用纯度较高的鲜艳色彩则可获得一种活泼、欢快和愉快的空间氛围，能够激发员工的创意思维与工作激情，适合需要灵感的创意产业办公空间。而过于昏暗、慵懒、温暖的颜色会使人昏昏欲睡、疲倦，不利于办公效率的提高。策划、设计类办公空间应选择明亮、鲜艳、活泼的颜色，以激发工作人员的创意灵感（图 5-2-55、图 5-2-56）。研究、行政类办公空间应选择淡雅、简练、稳重的颜色，以强调踏实严谨的工作环境（图 5-2-57、图 5-2-58）。

图 5-2-55　在线旅游网站 Kiwi.com 办公室设计 1

图 5-2-56　在线旅游网站 Kiwi.com 办公室设计 2

图片来源：http://www.baidu.com

图 5-2-57　Cisco 思科 fulton 办公室空间设计 1

图 5-2-58　Cisco 思科 fulton 办公室空间设计 2

图片来源：http://www.baidu.com

2. 根据工作面积设计办公空间色彩

传统的办公空间高大而空旷，让人有距离感，通常选用深棕色的木围墙，这类色彩有收缩空间的效果，拉近了人的距离。现代的办公空间层高偏矮，如延续传统的深色会使空间压抑，墙面应选择淡雅的浅色，以达到扩大空间的效果，凸显办公空间的宽敞、高大（图 5-2-59、图 5-2-60）。

在办公空间的色彩设计中原则上大的界面色彩应用应降低其饱和度，例如墙面、顶面、地面的颜色，这样会避免大面积高纯度颜色对人的刺激，减少视觉疲劳。局部小面积的色彩应用，应当提高纯度，例如局部配件、陈设等，以打破空间的单调色彩。

3. 根据采光程度设计办公空间色彩

阳光充足的办公室让人心情愉悦，但有些办公室背阴甚至没有窗户，会使工作人员感到阴冷，这时需要选择暖色系的色彩，增加室内的温度感，弥补采光的不足。有些办公空间光线又太强，室内暖光源偏多，这就需要搭配冷色系的色彩，协调室内色彩以达到和谐的效果（图 5-2-61、图 5-2-62）。

图 5-2-59　职业社交网站 LinkedIn 慕尼黑办公室设计 1

图 5-2-60　职业社交网站 LinkedIn 慕尼黑办公室设计 2

图片来源：http://www.baidu.com

图 5—2—61　Airbnb 都柏林国际总部办公空间设计 1

图 5—2—62　Airbnb 都柏林国际总部办公空间设计 2

图片来源：http://www.baidu.com

4．根据企业 VI 设计办公空间色彩

VI 是企业的视觉识别系统，企业形象是企业自身的一项重要的无形资产，它会获得社会的认同感、价值观，最终会收到由社会效益转化来的经济效益，因此，塑造企业形象便逐渐成为有长远眼光企业的长期战略。办公空间室内色彩应当在 VI 系统的要求基础上设计，要能体现企业精神气质与企业性质，营造积极向上的工作氛围，局部色彩选择应与企业标识、企业色呼应，通过对具体界面色彩的视觉传达设计，使客户留下对企业良好的整体印象。例如 IT 公司 FluidOne 伦敦办公室设计，如图 5—2—63、图 5—2—64 所示，其色彩既体现了企业形象又能体现 IT 行业特征。

图 5—2—63　IT 公司 Fluid One 伦敦办公室设计 1

图 5—2—64　IT 公司 Fluid One 伦敦办公室设计 2

图片来源：http://www.baidu.com

5.2.3　餐饮空间色彩设计

餐饮空间的色彩设计除了可以给人们带来视觉上的差异和艺术享受外，还能改变餐饮空间的内部环境，起到创造某种氛围的作用。在搭配色彩的时候，设计者必须综合分析餐厅空间特点、性质，优化利用多样化的色彩，营造良好的就餐环境，有效提升消费者食欲和用餐体验，从而达到提高餐厅的运营效益的目的。

在餐饮空间方面，色彩的作用体现在不同方面。

1．根据空间主题设计餐饮空间色彩

在餐饮空间设计中，设计者会借助色彩客观呈现餐厅的主题思想，营造良好的就餐环境，这是因为色彩具有其特殊作用，可以让人想象与回忆，会将主色调贯穿其中，借助主色调，巧妙利用局部色彩进行点缀，能够起到"画龙点睛"的作用。以"W酒店星宴餐厅"为例，旧香港本地居民的生活形式、环境对人性格的影响便是该餐厅表达的核心内容，而在色彩搭配方面，给人一种"朴素、静雅"的感觉，餐饮空间以灰色、暗金色为主，地面、家具、墙面具有强烈的怀旧感（图5-2-65、图5-2-66）。

图5-2-65　香港某酒店星宴餐厅1
图5-2-66　香港某酒店星宴餐厅2
图片来源：http://www.baidu.com

2. 根据环境氛围设计餐饮空间色彩

就餐饮空间来说，环境气氛烘托的重要性不言而喻，色彩在这方面发挥着关键性作用，不同的色彩对餐厅环境有着不同的影响。在餐厅空间设计中，如果设计者想要营造一种现代感极其强烈的餐饮环境，要以"白、黑、灰"三种颜色为主，局部用明亮的颜色进行搭配（图5-2-67、图5-2-68）；如果想要营造一种田园清新的餐饮环境，要以"黄、绿、粉、蓝"为主，搭配木色或编织茅草等自然色，局部用灰色调来点缀（图5-2-69、图5-2-70）。

3. 根据空间功能设计餐饮空间色彩

不同色调会给人带来不同的感觉，比如，"明亮、鲜艳"的暖色调可以给人带来一种"欢乐、兴奋"的感觉，而冷色调会给人一种"静雅、柔和"的感觉，适用于茶座、咖啡厅等餐饮空间。以快餐厅为例，由于"快餐"定位，用餐者的流动节奏快，人流量大。因此，许多快餐厅的室内配色采用明度、饱和度较高的暖色，如柠檬黄、朱红等。高明度、高饱和度的暖色属于膨胀色，能减少客人数量多时的拥挤感，并给客户以干净与高效的印象；其次，人在暖色环境下会下意识地加快动作的节奏，从而提高快餐厅客人的流动速度。国际连锁快餐店麦当劳和必胜客还有国内著名的中式快餐连锁店真功夫快餐店等，均

图 5-2-67 现代风格
的北欧餐厅 1
图 5-2-68 现代风格
的北欧餐厅 2
图片来源：http://www.
baidu.com

图 5-2-69 田园风格
的餐馆 1
图 5-2-70 田园风格
的餐馆 2
图片来源：http://www.
baidu.com

采用以红色、橙色和黄色为主调的配色方案，配以暖色的白炽灯，这些都是很好的应用实例（图 5-2-71 ～图 5-2-73）。

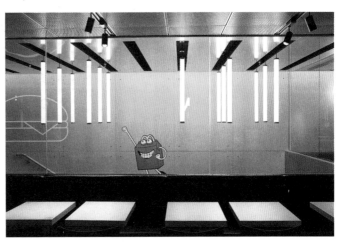

图 5-2-71 某餐饮门店设计 1
图片来源：http://www.baidu.com

图 5-2-72 某餐饮门店设计 2
图片来源：http://www.baidu.com

图 5-2-73　某餐饮门店设计

图片来源：http://www.baidu.com

5.2.4　商店空间色彩设计

商店空间的色彩宜别致、华丽、醒目，其目的在于体现商业的性质，让顾客有参与和购买的欲望。商店空间的明快色彩要尽最大可能地发挥其广告作用，最大限度地刺激人们的购买欲望。为了使鲜明的广告效果突出商业主题，既可以大面积地使用鲜明色调吸引顾客，也可用大面积的低调色来衬托小面积的鲜明主题吸引消费者。良好的消费环境色彩可以创造热烈的销售气氛，更好地营造商店空间的商业氛围。色彩设计是为整个商业空间展示设计的主题、顾客、商品的类型、品牌等服务的。

1. 根据商品固有色彩进行色彩设计

在商业空间展示设计中运用色彩属性中的对比关系，使展示设计的色彩差异于商品固有色彩，通过对比烘托商品的固有色彩，达到吸引消费者注意的目的（图 5-2-74、图 5-2-75）。

图 5-2-74　斯图加特某休闲服装品牌商店设计

图片来源：http://www.baidu.com

图 5-2-75　上海外滩某门店设计

图片来源：http://www.baidu.com

2. 根据商品固有性质进行色彩设计

色彩应用设计除需要考虑商品性质，还需要考虑到色彩的象征与人们对色彩的联想。如超市里卖面包、果品等熟食的展示区域、咖啡甜品店等多采用温暖的色彩,因为温暖的颜色可以让人联想到食品的成熟度,从而增进食欲（图5-2-76、图5-2-77）。在商场中销售电子产品区域的展示设计,冷颜色使用的频率很高,因为冷色更能给人理智、沉静的心理感受（图5-2-78）。

图 5-2-76 墨尔本某甜品吧 1
图片来源：http://www.baidu.com

图 5-2-77 墨尔本某甜品吧 2
图片来源：http://www.baidu.com

图 5-2-78 香港某门店
图片来源：http://www.baidu.com

3. 根据品牌进行色彩设计

强调品牌的形象识别度,以品牌标志色及其延伸色彩作为展示设计的色彩基调,使整个展位形成一种统一和谐的视觉环境,突出品牌的视觉特色及识别性。以巴西圣保罗 Cidade Jardim 购物中心中的 Centauro 概念店为例,店内白色和红色的运用突出了品牌本身的特点,同时使用了每个 Centauro 店都能看到的跑道元素,充满品牌特征,如图 5-2-79、图 5-2-80 所示。

图 5-2-79 圣保罗某概念商店 1
图 5-2-80 圣保罗某概念商店 2
图片来源：http://www.baidu.com

4. 根据消费者心理进行色彩设计

消费者因年龄、性别、民族、文化程度等的差异,对色彩有不同的审美要求。商业空间展示设计的色彩需要迎合消费者的心理,善于运用不同感情的色彩来满足消费者的多种需求，才能更好地实现商业空间展示设计的目的。如我们常见到的男士用品的展示设计多采用明度较低、色调偏冷的色彩，通过色彩展现男士的冷峻与稳重（图5-2-81、图5-2-82）；而女士用品的展示设计就多采用明度较高、色调偏暖的色彩，通过色彩展现女士的温柔与妩媚（图5-2-83、图5-2-84）。

图5-2-81 东京某男士西服专卖店1
图5-2-82 东京某男士西服专卖店2
图片来源：http://www.baidu.com

图5-2-83 纽约某女鞋专卖店1
图5-2-84 纽约某女鞋专卖店2
图片来源：http://www.baidu.com

5.2.5 幼教空间色彩设计

　　色彩在幼教空间中起到重要作用，可以营造轻松愉快的成长环境，并可通过丰富的空间色彩来提高幼儿的视觉认知发育。

　　幼儿园环境中不同空间的使用功能不同，色彩设计要随着空间功能的变化进行相应的调整。如幼儿园的班级活动室，是儿童室内活动的主要空间，色彩设计上要考虑营造出活泼的气氛与愉快感，提高儿童参与活动的积极性（图5-2-85、图5-2-86）。活动空间色彩适宜选用暖色系为主色调，配以色彩鲜艳的对比色玩具和窗帘等陈设用品。然而，在楼梯等有高差的交通空间内，色彩设计应简单协调，避免过于复杂而分散儿童的注意力，造成其在上下楼梯时发生危险。

　　幼儿园的环境色彩在追求空间整体色彩协调的基础上，应避免单调，要富于变化。如在色彩设计上要控制好所用色彩在空间环境中的比例、色调和彩度，做到空间环境主色调柔和温馨，通过彩绘图案、家具、窗帘及玩具等的色彩实现空间整体色彩的丰富，使空间具有启发性和创造性。如图5-2-87、图5-2-88所示，以挪威Troms幼儿园为例，彩色的洞口既是储物空间，又是儿童们捉迷藏的最好掩护。

图 5-2-85 班级活动室 1
图 5-2-86 班级活动室 2
图片来源：http://www.baidu.com

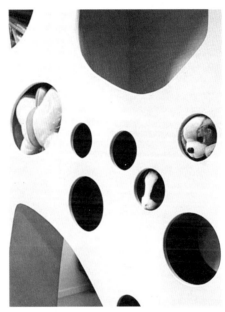

图 5-2-87 挪威 Troms 幼儿园 1
图 5-2-88 挪威 Troms 幼儿园 2
图片来源：http://www.baidu.com

5.2.6 展馆空间色彩设计

博物馆展示设计的过程是视觉信息传递和观众接受的过程，色彩是展示设计视觉语言的主要元素，是创造展示环境气氛不可缺少的表现形式之一。展示设计中色彩设计的原则如下：

1. 统一性

在空间、道具、展品、装饰、照明等方面，应在总体色彩基调上统一考虑，形成系统的主题色调（图 5-2-89）。

2. 突出主题

由于观众面对的最大形态是展体构成，主要视觉对象是展品，应以突

图 5-2-89 日本美秀美术馆展厅
图片来源：http://www.baidu.com

出展体构成、空间气氛，突出展品陈列为主。可结合展示主题，选择具有象征意义的色彩，以引起参观者的联想，渲染空间主题气氛（图5-2-90）。

3. 色彩丰富

仅有统一而缺少变化，会缺乏生气，令参观者感到疲惫和注意力游离。应在色彩面积、色相、纯度、明度、肌理等方面进行有秩序、有规律的变化（图5-2-91）。

图5-2-90 Erin Hicks 博物馆展示厅
图片来源：http://www.baidu.com

图5-2-91 Canoviano 博物馆展示厅
图片来源：http://www.baidu.com

5.2.7 医院空间色彩设计

医疗空间因其特殊的空间性质对色彩有特殊的要求。医疗空间中，一般大面积的色彩宜淡雅，宜用高明度、低彩度的调和色，并与建筑群体色彩统一。

大厅、候诊室、走道等公共空间宜采用明亮干净的浅色，可适当采用木色，营造舒适、清晰、温和的感觉（图5-2-92～图5-2-95）。不同科室的功能环境有不同的色彩要求。其中，儿科可以在大面积使用淡雅色彩的基础上，局部使用色彩亮丽明快的饰物、玩具、家居以活跃气氛。妇产科一般使用比较淡雅的女性化的颜色比如粉色、紫色等来创造空间氛围。手术室宜使用淡绿色以平衡手术过程中医生视野范围内的血色。病房、诊室等医院的大部分功能空间

图5-2-92 加拿大圣凯瑟琳医院大厅1
图5-2-93 加拿大圣凯瑟琳医院大厅2
图片来源：http://www.baidu.com

宜用明亮温暖的颜色，给病人以温暖、洁净之感，不宜大面积使用黑色等深色，以免造成压抑的氛围和死亡联想（图5-2-96～图5-2-102）。

图5-2-94 医院走廊1
（左）

图片来源：http://www.baidu.com

图5-2-95 医院走廊2
（右上）

图片来源：http://www.baidu.com

图5-2-96 诊室1
（右下）

图片来源：http://www.baidu.com

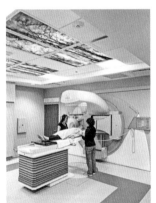

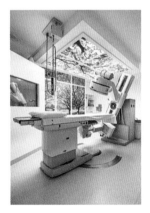

图5-2-97 诊室2（左）

图片来源：http://www.baidu.com

图5-2-98 医技部1
（中）

图片来源：http://www.baidu.com

图5-2-99 医技部2
（右）

图片来源：http://www.baidu.com

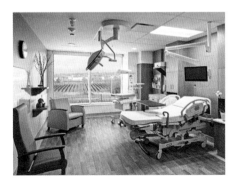

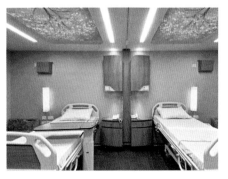

图5-2-100 住院病房1
（左）

图5-2-101 住院病房2
（右）

图片来源：http://www.baidu.com

图 5-2-102　住院病房 3
图片来源：http://www.
baidu.com

习作 11　居室配色实践

作业内容：根据色系风格，搜集意向照片，并作色彩分析。

作业形式：图纸，A3 白卡纸，剪贴加手绘。

作业要求：1. 搜集的图片尺寸 100mm×100mm。

　　　　　2. 图片共 6 张，客厅、餐厅和卧室各 2 张。

　　　　　3. 图片剪贴至白卡纸上，并标注背景色彩、主体色彩、点缀色彩
　　　　　　 及各色彩要素的比例关系。

　　　　　4. 共计 1 周时间完成。

评分标准：1. 图片选择符合作业要求，题材不限。

　　　　　2. 图片裁切及粘贴布局协调，整体视觉效果佳。

　　　　　3. 色彩标注准确，文字书写工整。

6

建筑外观色彩设计与实践

6.1 建筑外观色彩设计基础

建筑是物质材料的结果呈现，建筑外观的视觉感受里，色彩的感受度占很大的比例。建筑的色彩表现，受建筑外立面的用材限制，除了涂料有比较丰富的色彩表现，其他的建筑材料多为限定颜色范畴的成品材料，比如幕墙板、石材、玻璃、钢材等，色彩的表现范围比较固定。通常，建筑色彩主要表现为建筑及其附属设施外观色彩的总和。比如建筑的墙体、柱子、门窗、屋顶及其他各种附属性构件，如雨水管、雨篷等。

随着新的喷涂工艺的发展，钢材等成品渐渐可以表现更加丰富的色彩范围，而建筑师们似乎更希望建筑外观表达的内涵丰富而不仅仅局限于色彩呈现，这就要求色彩设计者掌握多维度的技巧，互相协同，实现设计的意图。

6.1.1 建筑外观色彩设计的原则与组成

1. 建筑色彩的主要功能

色彩在建筑环境中所起的作用，在很大程度上是以建筑的外观为载体来实现的。作为一种视觉元素，色彩可以影响建筑的构成与形体感等，能营造环境气氛，影响使用者的情感及行为方式，甚至能影响人们对时间与空间的理解。色彩作为一种装饰手法，除了表示建筑物的边界范围，还可以使某一建筑成为地标。

建筑不仅是物质产物，更是一种精神文化产物，是一个与自然、社会统一的整体，其色彩的使用要考虑环境、人的心理和生理特点，为现代城市建设与人居环境协调发展发挥积极的作用。而色彩在建筑中的应用，一方面传达着前人的宇宙观，另一方面体现了建筑与自然环境、社会文化的特殊关系。

色彩是建筑的外衣，是赋予建筑以生机的最重要的因素。建筑色彩是建筑形态的视觉要素之一，它总是存在于一定的光和形中。具体而言，建筑色彩的主要功能有美化作用、标识作用、象征作用。

（1）美化作用

通过合理的色彩搭配，协调的色彩设计使得建筑整体上更加美观漂亮，比如借助对不同楼层予以彩虹式的色彩表现，增加建筑的立面丰富性（图6-1-1）。

利用色彩具有的明暗、冷暖、前后等多种特性，从视觉上调整建筑的体量感，比如，小体量建筑一般会选择有膨胀感的暖色或者明亮的色彩达到调节比例的意图等（图6-1-2）。

利用色彩来丰富建筑的空间层

图6-1-1 建筑外立面的色彩美化

图 6-1-2　小体量建筑的暖色彩

图片来源：http://blog.sina.com.cn/s/blog_
cc91150a0102wlt2.html

图 6-1-3　前后体量的色彩对比

图片来源：http://www.gooood.hk/
poetic-construction-huzhou-citizen-
service-center-by-shenzhen-hoop-
architectural-design-co-ltd.htm

次，特别是在建筑立面造型本来就有前后变化、空间错位、空间体量层次比较
多的情况下，利用色彩的特性，可以获得丰富的空间层次，增强建筑的表现效
果（图 6-1-3）。

　　色彩设计可以强化建筑造型的表现力，可以辅助建筑设计来表现建筑的
造型效果。比如建筑设计需要虚实对比的空间，可以利用虚实体量的色彩效果
对比，实体部分用高明度的亮色，虚体部分用低明度的冷色等。如图 6-1-4
所示，浙江美术馆的设计，实体部分用石材，虚体部分用玻璃和钢架，形成强
烈的对比。

　　（2）标识作用

　　通过不同的色彩效果展现建筑不同的个性特征，在生活中按照便于记忆
与识别的色彩要素去寻找建筑物目标。世博会中国馆用的中国红（图 6-1-5），
红色的标识作用毫无疑问地展现了中国的特点，上海凌空 SOHO 银色的外墙金
属板也恰当地表现出建筑的未来感（图 6-1-6）。

　　（3）象征作用

　　迪士尼将动画片的颜色用在建筑上，将迪士尼乐园的建筑体验和迪士尼
动画带给观众的体验完美地结合起来。立面的选材所达到的立面的色彩效果，

图 6-1-4　浙江美术馆

图片来源：http://www.archreport.com.cn/show-
6-1863-1.html

图 6-1-5　中国馆

图片来源：http://www.baidu.com

图 6-1-6　上海凌空 SOHO

图片来源：http://www.baidu.com

象征着迪士尼动画片里的那些魔幻世界，而建筑则是那个世界在这个真实世界的投射，让人身临其境，分不清真实和幻境（图 6-1-7）。

建筑色彩配合建筑设计，可以用来完成建筑的象征意图，如同济大学中法中心，两个不同颜色的体量穿插错动象征两个国家的友好邦交，空间内部再配以建筑空间组织的联系，将象征的意图落地，成为建筑的一部分（图 6-1-8）。

图 6-1-7　迪士尼乐园

图片来源：http://www.jj20.com/bz/jzfg/ggjz/6312.html

图 6-1-8　同济大学中法中心

图片来源：http://blog.sina.com.cn/s/blog_49c38be1010004wz.html

2．建筑色彩的设计原则

（1）色彩不宜过于鲜艳和过于灰暗。

（2）色彩数量不宜超过三色。

（3）色彩与建筑体量的关系。

色彩可以辅助建筑设计表现建筑体量，具体而言，不同体量的建筑宜有不同的色彩设计原则，大体量建筑色彩最好以淡雅为主（图 6-1-9），小体量建筑色彩可以较为艳丽，体量复杂的建筑色彩以单纯为宜（图 6-1-10），而体量变化较少的建筑色彩可以丰富以弥补建筑体量的单一（图 6-1-11）。

图 6-1-9　新加坡翠城新景
图片来源：http://www.baidu.com

（4）根据不同项目的不同特点、不同限制条件，进行相应的特别设计处理。

一般来说，建筑设计无法做到统一生产，因为每个项目的区位、功能、业主、业态、预算等条件有差别，所以外观色彩设计需要根据每个项目的特点进行相应的设计。

（5）建筑色彩与环境的关系。

建筑设计宜成为周围环境的一部分有机组成，色彩设计也一样。这里的环境包括自然环境和人工环境，人工环境指一系列的人造物，如建筑、景观、构筑物等。与自然环境的协调要求建筑色彩不突兀，不矫揉造作，有机且协调。与人工环境协调对建筑色彩设计的要求则较为具体，在国外的建筑设计中规定，新建、改建一个建筑时，设计方案必须考虑与左邻右舍建筑原色的色彩协调问题，有些城市甚至规定：每三栋房屋必须统一色调、统一样式，从而使整个城市的色彩协调又缤纷（图 6-1-12）。

图 6-1-10　商丘博物馆，体量造型
丰富，色彩单纯

图片来源：http://www.ikuku.cn/
user/1688

图 6-1-11　体量简单，色彩丰富

图片来源：http://blog.sina.com.cn/s/
blog_548096d70100n2a5.html

图 6-1-12　威尼斯

图片来源：http://blog.sina.com.cn/s/
blog_4e4d1def0100dkc7.html

6.1.2 建筑外观色彩设计方法

建筑外观色彩的表现手法是多种多样的，在运用的时候需要把握整体感、美感、协调感、形式感等。进行建筑外观色彩设计，首先需要进行项目定位分析、设计概念选定以及设计边界的限定，这些根据项目的特点，可以进行相应的变化调整，而具体操作的时候，有以下几种典型手法。

1. 重构法

重构法是指各种风格的重新组合，起到博采众长、相互补充的艺术效果，而不是各种风格进行堆砌。比如，古典主义风格的色彩运用较为高雅，色调统一协调，现代主义喜欢简洁单纯的色彩，后现代主义用多种材料体现颜色的丰富性。比如株洲博物馆（图6-1-13），运用传统的中国黄色屋顶和现代主义的简洁白色墙面进行组合，并且在设计中主次分明，整体协调。

图6-1-13　株洲博物馆

图片来源：http://www.cmpy.cn/xuanchuanpeiy in/newshow_1450.html

图6-1-14　株洲电视塔

图片来源：http://www.qhlly.com/ scenery/pic-5140

2. 点缀法

点缀法有两种表现形式，一种是点缀物突出而且强烈，给人以视觉和心理上的强烈冲击，起到"画龙点睛"的作用；另一种是点缀物量多而不突出，起到"绿叶"的效果。例如株洲电视塔（图6-1-14），红色圆环运用在白色球体的外侧，形成强烈的对比效果而又不突兀。

3. 更新法

更新法是指在原有建筑色彩的基础上加入新的色彩，多用于改造中，在既有环境中进行建筑更新用得比较多。新旧两种色彩可以对比，可以统一，艺术效果可以变化。如重庆501旧建筑改造（图6-1-15），在原有色彩的基础上，加上白色，并用黑色、黄色作彩绘，效果明显。

色彩是一种表现手法，其设计应不断探索新的设计方法与表现手段，综合考虑各个方面的因素，才能让建筑充满活力，为生活增添生机。

6.1.3 建筑外观色彩涂刷施工步骤及要点

1. 现场踏勘及建筑现状分析

踏勘是进行色彩涂刷改造的第一步，首先了解既有建筑的现状问题，踏勘也可以借助无人机，全方位地了解建筑的问题（图6–1–16）。

一般情况下，建筑使用久了，都会有或多或少的墙体饰面材料裂缝、脱落等问题，有效地了解建筑的现状情况，为改造刷新做充分的准备，如图6–1–17所示。

图6–1–15　重庆501改造
图片来源：http://www.qhlly.com/scenery/pic–5140

图6–1–16　利用无人机进行踏勘
图片来源：立邦提供

图6–1–17　建筑外立面现状
图片来源：立邦提供

2. 业主意愿沟通分析，调和刷漆色彩

和业主进行充分沟通，了解业主的改造意愿，根据业主的工作特点、生活习惯、色彩偏好等对设计的方向控制一些基本原则（图6–1–18）。

结合业主的意见偏好，利用漆的材料优势，调制合适的颜色作为建筑外立面改造的色彩，如图6–1–19所示。

结合工艺的特点，可以选择毛面和光面效果，如图6–1–20所示。

3. 施工准备

支架准备，在建筑物周围搭建脚手架，方便施工，如图6–1–21所示。

图 6-1-18　和业主沟通
图片来源：立邦提供

图 6-1-19　漆艺调色
图片来源：立邦提供

 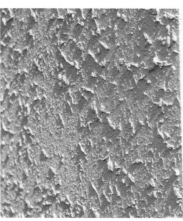 

图 6-1-20　外墙刷漆
的表面效果
图片来源：立邦提供

　　保护周围既有环境，利用刷漆的步骤减小对环境的干扰，可以采取较为简单的方式，对环境进行保护，如图 6-1-22 给花草盖层塑料膜等，刷漆不像其他工艺对周围环境的破坏较大，导致施工改造成本增加。

　　用布料盖住不需要刷漆的部分，比如门窗把手、入口石材台阶等，避免刷漆施工带来的二次污染，如图 6-1-23 所示。

　　4．刷漆施工

　　本环节是施工整体工序中的重要环节，主要包括整体喷刷和细部涂抹（图6-1-24 ～图 6-1-26）。

图 6-1-21　在建筑物
周围搭建脚手架
图片来源：立邦提供

图 6-1-22　给花草盖
塑料膜
图片来源：立邦提供

图 6-1-23　盖住不需
要刷漆的部分
图片来源：立邦提供

图 6-1-24　整体喷刷
图片来源：立邦提供

图 6-1-25　细部涂抹 1
图片来源：立邦提供

图 6-1-26　细部涂抹 2
图片来源：立邦提供

　　在主体墙面刷漆完毕后，也可以对建筑栏杆等附属件进行涂刷，使整体色彩均衡，如图 6-1-27 所示。

　　5. 竣工验收

　　刷漆色彩的可调性，使得刷漆有较为多样的色彩丰富度。图 6-1-28 展示了两种不同色彩的色彩改造效果。

图 6-1-27　附属件涂刷
图片来源：立邦提供

图 6-1-28 不同色彩
的改造效果
图片来源：立邦提供

6.2 建筑外观色彩设计实践

　　人们在建筑空间环境中由视觉首先感受到建筑的要素往往是建筑色彩，在强调建筑外观的色彩实践的同时，需要同时关注建筑的造型、空间、质感、材料等多方面因素。此外，建筑的外部空间围合方式也是影响人们感受的很重要的因素，而色彩是影响外部围合空间界面的非常重要的因素。在落成的建筑实践中，色彩的设计效果往往随着建筑类型的不同而有所差异，本节将按不同的建筑类型分别对建筑外观色彩设计进行分析讨论。

6.2.1　住宅

一般居住建筑的色彩设计需要契合住宅的产品定位、受众、区位等因素，根据住宅的面积大小，可以分为别墅、多层、高层与超高层以及综合居住区等。

1. 别墅外观色彩设计

别墅又称为独立住宅，别墅的特点是独栋独户，容积率低，因此产品定位较高，品质较好。别墅由于单栋面积大，多有庭院、游泳池等附属设施，这类附属设施多为将自然引入的元素，因此别墅的外观色彩设计多有接近自然、人与自然和谐共生、体现生活品质等特点。石材是较为接近自然的材质，由于石材价格高，施工速度慢，用一些仿石涂料，也可以达到石材的效果，比如立邦生产的立邦漆等新材料，还可以根据设计需要分缝，如图6-2-1所示。

在国外土地私有的体制下，宅基地独立开发，别墅的色彩设计也会根据业主的自身喜好而有着鲜明的个性，所以相较于大片住宅，别墅的色彩设计总体而言，具有个性，具有差异性，具有独特性，以彰显别墅的品质感，如图6-2-2所示。

图6-2-1　成都御香山

图片来源：http://project.nipponpaint.com.cn/case_detail.php?caseid=202

图6-2-2　国外某别墅

图片来源：http://www.archdaily.com/874596/rocky-house-base-architecture/595339c7b22e38a88b0000a3-rocky-house-base-architecture-photo

由于极具活性，改造的需求较大，独栋独户的别墅住宅的色彩施工一般要求施工速度快，方便快速入住。刷漆的优势在于色彩施工的成本低，可以根据业主需要，多次进行色彩修改设计；施工周期短、速度快；颜色调和的范围较大；表面可平整可粗放，可以有不同类型的质感。图6-2-3～图6-2-5展示了其他的别墅色彩设计案例。

2. 多层住宅外观色彩设计

多层住宅一般指6层及6层以下的住宅建筑，多层住宅的住区居住密度相较于别墅大，相较于高层低，所以一般来讲，多层住宅的品质也比较高。现在市场上房地产公司开发的联排别墅，实际上就是用别墅的户型来组成多层住宅出售。多层住宅非底层住户一般没有自家花园，所以接近自然的机会少。外观色彩设计上，多以模仿别墅的品质感为主要目标，用石材、仿石材的材料进

图 6-2-3　海聚贤煌都
图片来源：立邦官网

图 6-2-4　长沙水映
加州
图片来源：立邦官网

图 6-2-5　青岛世茂红
墅湾
图片来源：立邦官网

行艺术装饰的设计。一般来说，石材、砖、涂料等都会成为多层住宅的外观材料。多层住宅多为成组成区设计，所以多层住宅的外观色彩设计多为暖色系叠加，以增加群体建筑的亲切感。如图6-2-6～图6-2-8所示。

图6-2-6　成都御香山
图片来源：http://project.
nipponpaint.com.
cn/case_detail.php?
caseid=202

图6-2-7　温州京都府
图片来源：立邦官网

图6-2-8　青岛银盛泰浪琴海
图片来源：立邦官网

3. 高层与超高层住宅外观色彩设计

高层住宅与超高层住宅一般指层数较高的住宅建筑，由于层数高，所以居住密度高，在城市中也比较显眼，因此高层、超高层住宅建筑的色彩设计应该注重自身的色彩平衡，群体中的高层建筑色彩还应该注意相互平衡。

一般而言,底部采用相对深暗的颜色,以加强稳重感,一般用混凝土、毛石、花岗岩等。高层与超高层住宅建筑顶部与天空关系密切,所以为了避免压抑,中部与顶部一般少用重色,而是强调反射、轻盈,多用玻璃、浅色釉面砖、浅色涂料以及金属等,如图6-2-9~图6-2-12所示。

图6-2-9 上海保利叶语
图片来源:http://project.nipponpaint.com.cn/case_detal.
php?caseid=214

图6-2-10 南宁汇东郦城
图片来源:立邦官网

图6-2-11 宁波金色珑庭
图片来源:立邦官网

图6-2-12 长沙北辰三角洲
图片来源:立邦官网

4. 综合居住区整体外观色彩设计

现在的居住区规划,一般会同时设计多样性的产品类别,有些居住区会同时有别墅、多层、高层和超高层这几种住宅类别,所以居住区整体的色彩设计,是要注重整体建筑的色彩平衡。除了建筑自身的色彩之外,居住区的景观设计也对居住区整体的色彩设计产生着重要的影响。

在近人尺度,一般而言,景观设计的色彩影响会有较大的影响。多以树木、花草、水系、步道、亭榭进行搭配,使得居住区有贴近自然的色彩效果,如图6-2-13所示。

图 6-2-13　小区的景观设计
图片来源：http://www.baidu.com

5. 根据居住区主题设计的外观色彩体系

现在的居住区开发，一般都会有相应的主题，比如万科第五园的"开门见中国"以白墙黑瓦的江南民居的色彩搭配为模板进行设计，用现代的玻璃、钢、金属等材料来表现（图 6-2-14）。还有一些新中式主题的住宅开发，以青砖灰瓦的色彩基调为模板，意在营造传统意象的生活气氛，如图 6-2-15 所示。

图 6-2-14　万科第五园
图片来源：http://www.baidu.com

图 6-2-15　某新中式住宅
图片来源：http://www.baidu.com

6. 住宅改造更新的色彩设计实践分析

由于现代生活的变迁越来越快，许多住宅在使用十几年后往往就面临着改造的需求，不管是业主变化，还是建筑折旧，或者是业主的家庭结构的变化等，都会导致住宅的使用需求发生变化，而在众多的住宅更新中，刷漆是工期最短、效率最高、有着多种产品的工艺选择。本部分将就刷漆的改造实践进行专题讨论，对色彩的选择进行针对性分析。

(1) 独立式住宅的改造

独立式住宅在使用一段时间以后，往往会有许多的折旧现象，由于独立住宅业主变化的频率、可能性相对于其他住宅更高，并且独户业主变更，就会有改造的需求，本节举一个代表性案例，展示刷漆工艺对独立住宅立面色彩改造的巨大提升空间。如图6-2-16所示，是一栋使用较久的住宅，墙体色彩褪色，用刷漆的方式对立面色彩进行更新，提升效果明显，并且有多种色系可以选择，提高用户的使用体验，如图6-2-17所示的四张图，展示了多种色彩效果。

图 6-2-16 某待改造独立住宅
图片来源：立邦提供

图 6-2-17 独立住宅的外立面色彩改造效果
图片来源：立邦提供

图 6-2-18 是另一个待改造住宅改造前的效果，根据项目特点及设计需求，分别进行两种色彩主题的设计。图 6-2-19 为清新装饰的整体效果。

图 6-2-20 展示的是现代简约的整体装饰效果。

图 6-2-18 独立住宅
的外立面色彩改造效果
图片来源：立邦提供

图 6-2-19 清新装饰
的整体效果
图片来源：立邦提供

图 6-2-20 现代简约
的整体效果
图片来源：立邦提供

（2）多层住宅的改造

我国 20 世纪 80 ～ 90 年代建的住宅主要是多层住宅，改革开放几十年，经济迅速发展，人们的物质生活水平显著提高，在这个背景下，折旧的多层住宅也成为住宅改造更新的主要市场。这类住宅的现状特点为色彩暗淡、表面破旧。时隔二十多年，社会的文化氛围、审美特点都发生了巨大的改变，先前的色彩设计已经和现在的生活需求产生了一定的矛盾，所以对这类住宅进行针对性设计改造研究也越来越有意义。如图 6-2-21 展示了一些典型的多层住宅，图 6-2-22 ～图 6-2-24 分别展示了以稳重的红色基调为主、以浪漫的蓝色基调为主以及以简约的绿色基调为主的立面色彩设计改造方案，展示了刷漆色彩变化的丰富性，提供多种体验。

图 6-2-21　破旧的多
层住宅外立面现状
图片来源：立邦提供

图 6-2-22　多层住宅的
外立面色彩改造效果 1
图片来源：立邦提供

图 6-2-23　多层住宅的
外立面色彩改造效果 2
图片来源：立邦提供

图 6-2-24　多层住宅的
外立面色彩改造效果 3
图片来源：立邦提供

随着城市化的进程，人们生活水平的提高，城市更新的不断推进，我国大量建造于20世纪70～80年代的住宅与当代城市人们生活之间的矛盾会不断地涌现，越来越多的需求会诞生，越来越多个性化的改造会出现在城市里，而首当其冲的就是20世纪70～80年代建造的老住宅。

除此之外，随着房地产开发的白银时代的结束，存量博弈时代的到来，更多的改造类需求会涌现，比如商改住（商业项目改造为公寓）、功能置换、商业改办公等，这些不断涌现的新需求都无一例外需要个性化、多样化，类似于互联网思维的效率与个性的体现。而刷漆的工艺无疑是最适应未来这种模式的一种改造方式，随着建筑漆的新品种不断被开发出来，相信会产生更多优秀的产品案例。

6.2.2 办公建筑色彩

办公建筑是塑造当代城市景观的很重要的元素，办公建筑群往往也是体现城市特点的重要区域，如上海的陆家嘴、北京的国贸、济南新区CBD等，办公组团的色彩设计是城市设计视觉效果的具体落脚点，所以办公建筑外观色彩设计应该根据建筑区位、建筑定位、建筑高度、建筑规模遵循以下三点原则：

1. 根据建筑区位的城市设计定位设计办公建筑的外观色彩

如果办公建筑位于新城CBD，业态多为金融服务等代表城市实力的行业，则建筑色彩以体现城市实力、代表城市未来的发展动力为主，色彩需要有力量感、速度感。颜色多为以金属的高明度和玻璃的高反射为主（图6-2-25）。

如果办公建筑位于旧城区，则要注意和周围既有建筑的色彩和谐，如果办公建筑位于大学城，则它的色彩设计需要有稳重感，如果办公建筑位于城市公共空间，是与商业结合在一起的商业类办公，则色彩设计需要有一定的公共性、开放性，如图6-2-26所示。

2. 根据建筑高度设计办公建筑的外观色彩

低层办公建筑色彩大多比较多变丰富，有些单独租售给特定企业的底层办公建筑还会根据企业的特点，进行外立面色彩的量身定制，比如高科技公司

图6-2-25　上海陆家嘴
图片来源：http://www.baidu.com

图6-2-26　上海五角场大学路某办公楼，和开放街区融合的空间设计
图片来源：http://www.baidu.com

的色彩多强调科技感、未来感，如图6-2-27中苹果总部的建筑外观色彩设计的未来感，而传统企业的色彩多稳重、凝练，如图6-2-28所示。

图 6-2-27　苹果总部
图片来源：http://www.baidu.com

图 6-2-28　杭州富春江冶炼集团
图片来源：立邦提供

3. 根据办公建筑规模设计办公建筑的外观色彩

　　一般而言，独栋设计的办公建筑，色彩设计自由度较高，只需要处理好和周边环境的关系就可以了，而群体设计的办公建筑则不然，除了处理好和周边建筑的关系以外，还需要协调好自己园区的色彩，包括建筑的色彩协调、建筑与景观的色彩协调等。如图6-2-29所示为深圳某产业园，各单体颜色不同，但群体用同色的金属网格包裹，增强了整体感。

6.2.3　商场

1. 根据商场的消费定位来设计商场的外观色彩

商场的种类有很多，一般来说，根据商场的消费定位、入驻品牌等，确定商场的消费等级，选择适宜的外观色彩的材料、色系等，比如上海港汇恒隆广场（图 6-2-30）和北京石景山万达广场（图 6-2-31），由于消费定位、受众、区位的不同，建筑外观色彩设计就有着比较明显的差异，港汇恒隆广场外立面采用石材饰面，加以线脚的艺术装饰，突出品质感，而万达广场外立面则用玻璃和金属板，营造市民化的生活气息。

图 6-2-30　上海港汇恒隆广场
图片来源：立邦官网

图 6-2-31　北京石景山万达广场
图片来源：立邦官网

2. 根据商场的类型来设计商场的外观色彩

商场根据商业类型，分为商业步行街（如上海南京路步行街）、位于城市中心的集中式的大型购物中心（如恒隆广场）、位于郊区的商业建筑群（如奥特莱斯）等。不同的商场类型，有着各自相对应的建筑外立面色彩设计风格。步行街强调步行尺度的怡人，各个商场建筑之间不直接靠建筑室内连接，所以外立面色彩设计较为亲切，市民化，多用日常材料比如板材、钢材等冷色材料饰面，加上暖色广告板，形成对比。城市中心的大型购物中心也根据其定位不同，而在建筑外立面色彩设计中体现出一定的差异性，但是总体而言，色彩设计强调商业体的整体性、完整性。郊区的商业建筑群则由于用地不紧张，建筑层数低、占地面积大，色彩设计有小镇、别墅设计的风格，提供给消费者一种购物以外的宜居感。比如佛山的奥特莱斯，如图6-2-32所示。

图6-2-32　佛山奥特莱斯
图片来源：立邦官网

6.2.4　学校

1. 根据学校的区位进行色彩设计

区位对建筑设计的影响不言而喻，位于城市中心的学校需要处理好学校建筑群体色彩和城市周边既有街区的色彩整合，需要处理好学校各个建筑的色彩整合，需要处理好学校建筑和景观的色彩整合，才能为学生营造优良的、适合学习的物质空间环境。

位于郊区的学校，色彩设计的自由度则比较高，学校的色彩设计可以较少地受到周围环境的限制，较多地体现学校的文化内涵，体现学校的类别、定位，体现设计师对学校的理解等。如图6-2-33所示。

图片 6-2-33 北京四中房山校区，将自然引入学校，自由度较大
图片来源：http://design.cila.cn/news16916.html

2．根据学校的类别进行色彩设计

学校的类别不同，色彩设计的着眼点也不同，比如小学、中学与大学的色彩设计在色彩概念上就有着不同，小学色彩设计需注重明快、活泼的色彩搭配（图6-2-34），而中学的色彩营造需要有奋发向上、活泼生动、清幽安静的环境气氛。大学又根据学校的定位不同，有着不一样的色彩设计要求，历史悠久的综合性研究型大学的色彩设计需要和学校既有的历史建筑取得协调，有凝重感、历史感（图6-2-35）；而职业类技术院校或者专业性大学又需要根

图 6-2-34 西安航天城小学
图片来源：http://project.nipponpaint.com.cn/professional

图 6-2-35 武汉大学
图片来源：http://www.baidu.com

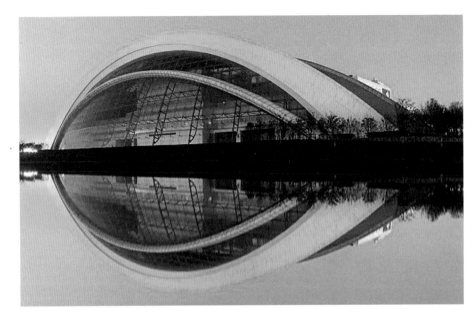

图 6-2-36 上海视觉
艺术学院
图片来源：http://www.
baidu.com

据学校设立的定位目标而对其色彩设计进行定位，对色彩系统的基调进行确认与把握，如图 6-2-36 上海视觉艺术学院的色彩设计多变而丰富，体现着艺术的不确定性。

6.2.5 展馆

展馆为展出临时展品的公共建筑，展馆的外观色彩设计应遵循以下两点原则：

1. 根据展馆所处的区位确定展馆的色彩设计基调

位于城市历史建筑保护区的展览馆，色彩设计需要保证历史区的风貌不至于被破坏，色彩设计应该与周围协调，不突兀，如图 6-2-37 所示的苏州博物馆新馆，采用苏州古城的白灰两色作为基调，用新的材料进行诠释，在创新的同时又保证了色彩的和谐。而位于城市新区、郊区等地，周围环境对展馆色彩设计限制不大，展馆色彩设计的自由较高，一般会根据展馆的定位、展藏内容、展馆的主题、设计师的意图以及周边的自然环境等进行设计。如图 6-2-38 所示的云南高黎贡山手工造纸博物馆，位于云南腾冲高黎贡山下新庄村边的田野中，周边为自然环境，所以建筑色彩设计以贴近自然的颜色为主。

2. 根据展馆的展览内容确定展馆的色彩设计基调

综合性展馆色彩设计多体现的是城市的文化、城市的文脉等，专业性的展馆则根据展馆的专业展示内容，需要协调展馆的色彩设计基调，比如南京大屠杀纪念馆，色彩设计必须体现历史的沉重、灰暗，表现出浓厚的纪念性，达到令人反思的效果（图 6-2-39），而未来城市概念馆，色彩设计则需要轻盈、有未来感（图 6-2-40）。

图 6-2-37　苏州博物馆新馆

图片来源：http://www.baidu.com

图 6-2-38　高黎贡山手工造纸博物馆

图片来源：www.baidu.com

图 6-2-39　南京大屠杀纪念馆，低明度的色彩基调

图片来源：www.baidu.com

图 6-2-40　北京科技博物馆，银色的未来感

图片来源：http://www.soujianzhu.cn/news/display.aspx?id=1019&type=2

6.2.6　街区

1. 城市街区的色彩特征

城市街区的色彩主要由围合街区的建筑、街区上的铺地、环境小品以及环境绿化的色彩组成。其中，建筑物与街区铺地的着色面积较大，街区周边建筑群与街区铺地的色彩处理是整个街区色彩设计的关键。我们都知道，建筑的色彩与建筑功能关系密切，而建筑群的功能往往又决定了街区的性质。因此，这里根据街区的性质将城市街区分类，不同的街区应该具有不同特质的色彩景观，比如历史街区的凝重和商业街区的轻松。街区通常是区域空间的重点，具有围合、动态、发展、延伸的特点。

2. 城市街区的色彩设计要点

第一，街区周边建筑群与街区铺地的色彩应最大限度地取得调和。建筑色彩与铺地色彩都是大面积色，两者之间的调和非常重要。具体来说，可采用同一或类似色彩配色法，或使两者以其中之一为色彩主导（如一个使用高彩度色，另一个就使用低彩度色来进行烘托）等方法。

第二，不同性质的街区应具有不同的色彩环境，街区性质是确定街区基调色的重要因素。例如，商业街区或休闲娱乐街区宜选用较为温暖而热烈的色调，烘托街区活跃喧闹的气氛，增强街区的商业性和生活性（图6-2-41）；纪念性街区则不宜采用过于强烈的色彩，否则会破坏庄严肃穆的气氛，这时可通过使用沉着稳重的灰色调渲染环境性格（图6-2-42）。历史街区首先要注意的是保证历史记忆的延续，避免色彩设计对历史街区的破坏。

图6-2-41　成都春熙路商业街

图片来源：www.baidu.com

图6-2-42　成都宽窄巷子

图片来源：www.baidu.com

第三，街区空间色彩设计应该重点处理好各视觉要素之间的色彩协调关系，分清主次，同时注意不同要素色彩的层次性，突出视觉重点。具体来说，如果街区具有一定的主体或是中心，那么主体的色彩就应该成为"前景色"，其他景观要素的色彩就是"背景色"，背景色与前景色应该拉开层次，同时，背景要素之间的色彩要相互协调，可采用同一或类似色彩配色法；而如果街区没有明确的主体，那么色彩设计的重点就是要素间，特别是围合要素之间的色彩如何协调。同时，还需要通过不同形式的绿树栽植加以改善与整合。

6.2.7　节能建筑的色彩设计实践

　　建筑的节能设计要求在建筑材料生产、房屋建筑和构筑物施工及使用过程中，满足同等需要或达到相同目的的条件下，尽可能降低能耗。提高围护结构的节能效率是减少能源需求的重要方法。

　　一般的建筑设计中，需要在建筑围护结构中加入保温层，保温层外面再做建筑面层，这样虽然可以解决节能的问题，但是保温和面材分开施工却增加了建筑施工的时间。

　　一体化板是建筑面层自带保温材料的合成建筑外立面板材，并且板材在工厂做好，规格大小可以根据立面设计的需要进行分割，在提高建筑保温性能的同时，降低施工时间，提高施工速度。

　　图 6-2-43 展示了立邦提供的一体化板材的外立面可以模拟的材质类型及颜色类型，因为工厂预制，所以可以根据客户需求生产出不同类型、不同色彩感觉的外立面材质。图 6-2-44、图 6-2-45 展示了一体化板材与传统工艺的外立面效果的对比。

　　保温装饰一体化板具有使用性强、经久耐用、耐腐蚀、耐氧化、抗风压、

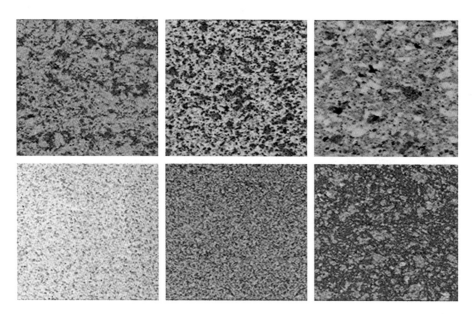

图 6-2-43　一体化板的外立面材质

图片来源：立邦提供

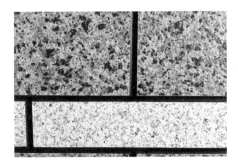

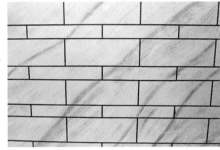

图 6-2-44 一体化板
效果（左）
图 6-2-45 传统效果
（右）
图片来源：立邦提供

图 6-2-46 一体化板
的外立面施工图（左）
图片来源：立邦提供
图 6-2-47 建成案例
（右）
图片来源：立邦提供

抗冲击的特性，可供选择性强，可以做出多种外饰面的效果，并且施工环境不受限制，不需要龙骨背栓，具有良好的防火阻燃性，除应用于新建建筑外，还应用于旧建筑翻新等项目。采用保温装饰一体化板是绿色建筑设计的有效方法（图 6-2-46、图 6-2-47）。

习作 12　建筑配色实践

作业内容：根据色系的风格，搜集意向图片，对建筑进行配色训练。

作业形式：A3 图纸，手绘。

作业要求：1. 选取一栋别墅住宅，以其黑白线图为基础，在不改变立面的前提下，对其进行色彩的重新设计。

　　　　　2. 选取一栋办公建筑、商场、学校或者展馆，对其进行色彩的重新设计。

　　　　　3. 对一个典型街区进行写生，完成黑白线图和彩图，再以线图为基础，运用色彩调和的原理，对其进行色彩的重新设计。

参考文献

[1] （美）大卫·瑞兹曼. 现代设计史 [M]. 北京：中国人民大学出版社，2007.

[2] （日）视觉设计研究所. 七日掌握设计配色基础 [M]. 北京：中国青年出版社

[3] （美）凯瑟琳·费希尔. 平面设计材料表现与特殊效果 [M]. 上海：上海人民美术出版社，2008.

[4] （日）伊达千代. 色彩设计的原理 [M]. 北京：中信出版社，2011.

[5] （日）朝仓直巳. 艺术·设计的色彩构成 [M]. 北京：中国计划出版社，2000.

[6] （日）朝仓直巳. 艺术·设计的光构成 [M]. 北京：中国计划出版社，2000.

[7] （美）斯蒂芬·潘泰克，理查德·罗斯. 美国色彩基础教材 [M]. 上海：上海人民美术出版社，2005.

[8] 吴纪伟，熊丹. 色彩构成 [M]. 北京：北京出版社，2010.

[9] 蒋纯利. 色彩构成 [M]. 上海：上海交通大学出版社，2014.

[10] 崔生国，金竹林. 设计色彩 [M]. 上海：上海交通大学出版社，2016.

[11] 徐绍雁. 城市公共空间色彩景观的研究——以重庆市为例 [D]. 重庆：西南大学，2008.

[12] 胡俊红. 城市建筑外观的色彩设计初探 [J]. 环境艺术，2010（66-67）.

[13] 孙鹏. 浅析建筑外观的色彩设计 [J]. 沈阳建筑大学学报，2008（150）.

[14] 傅冠华. 设计色彩与社会心理研究——以城市色彩为例 [J]. 设计理念探索，2015（49）.

[15] 朱大明. 谈建筑涂料与住宅立面色彩设计 [J]. 建筑设计，2008（16）.